실무 종사자를 위한

메뉴관리 & 기획

정 경 · 김경임

*머리말

본서가 호텔 및 외식산업 분야에 진출하려는 학생들과 실제 현장에서 일하는 실무 종사자 분들이 메뉴를 쉽게 이해하는 데 일조가 되고, 그 이해를 바탕으로 한 메뉴의 관리 및 기획에 잘 활용될 수 있기를 희망합니다. 그런 희망을 담아 저자들은 본서를 집필하였습니다.

성공적인 메뉴관리 및 기획을 위해서는 메뉴, 그리고 메뉴와 관련한 푸드서비스 시스템의 이해가 선행되어야 합니다. 또 경영학, 마케팅, 디자인 개념 등 다른 학문과 연계한 학습이 제대로 이루어져야 합니다. 이것을 바탕으로 본서는 메뉴관리 및 기획의 이론과 실제를 접목함으로써 현장에서 곧바로 적용되고 활용될 수 있도록 구성되었습니다. 또한 본서는 메뉴 개발을 위해 반드시 알아두어야 할 내용 중 메뉴관리를 다룬 기존의 관련 책들에 포함되어 있지 않은 여러 가지 내용을 포함하고 있습니다.

본서 중 보완되어야 할 부분이나 미흡한 부분들은 앞으로 꾸준히 연구하여 끊임없이 수정 보완하도록 노력할 것입니다.

끝으로 본서가 출간되기까지 많은 격려와 도움을 주신 분들과 편집 및 교정에 수고해 주신 파워북 관계자, 그리고 늘 힘이 되어주는 사랑하는 가족에게 깊은 감사를 드립니다.

2010. 3

저자 일동

CONTENTS

part I 메뉴 관리

CONTENTS

CONTENTS

part Ⅱ 메뉴 기획

Chapter 6 메뉴기획 · 개발 · 계획의 이해

CONTENTS

PART I 메뉴관리

1. 메뉴의 이해
2. 메뉴와 푸드서비스시스템의 이해
3. 메뉴와 가격
4. 메뉴와 안전관리
5. 메뉴분석과 평가

메뉴의 이해

Chapter 1

1. 메뉴의 정의
2. 메뉴의 역사
3. 메뉴의 분류와 종류
4. 메뉴의 역할
5. 메뉴관리의 이해

1. 메뉴의 정의

메뉴menu는 라틴어 미뉘뜨minutes, 즉 '상세히 기록한 것' 이라는 의미에서 그 어원을 찾아볼 수 있다. 일반적으로 "In a restaurant or cafe or at a formal meal, the menu is the food and drinks that are available", 즉 레스토랑, 카페 또는 정찬에서 이용 가능한 음식과 음료라고 정의되는데, 이를 상세히 적은 것이라는 의미를 더해도 무리는 없겠다. 메뉴는 오늘날 전 세계적으로 통용되는 용어로 쓰인다. 식당의 입장에서는 메뉴를 상품으로 제공하여 고객의 선택을 받아 매출을 올리는 중요한 도구이며, 고객의 입장에서 본다면, 지불하는 돈에 준하거나 또는 더 높은 가치의 상품으로서의 음식을 얻음으로써 만족을 얻게 되는 매개체라고 할 수 있다.

메뉴는 메뉴판의 의미로도 사용되는데, 메뉴판은 제공 상품인 음식과 음료에 대한 모든 정보를 제공하는 정보의 목록표로서, 과거에는 단순히 음식에 대한 정보 전달에 치중되었다면 이제는 고객의 식욕과 식감을 자극할 수 있는 프로모션promotion의 유기적 마케팅 도구로까지 의미가 확장되었다. 이는 메뉴가 내부적인 통제도구일 뿐만 아니라 판매, 광고, 판매촉진을 포함하는 마케팅 도구로의 역할도 큰 것을 의미한다. 결국, 메뉴라 함은 단순히 음식과 음료에 불과한 것이 아니라 공급자와 수요자를 연결하는 대화의 도구이며, 중요한 마케팅도구이다. 또한 식음료를 운영함에 있어 가장 중추적인 역할을 담당하는 관리도구, 통제도구 그리고 판매도구인 것이다.

메뉴의 사전적 정의를 몇 가지 살펴보면 웹스터사전webster's dictionary에서는 "Detailed List of the Foods Served at Meal", 즉 식사에서 제공된 음식의 상세한 목록이라고 정의되어 있고, 옥스포드 대사전The oxford dictionary에서는 "A detailed list of the dishes to be served at a banquet or meal", 즉 연회나 식사에서 제공되는 요리의 상세한 목록이라고 정의되어 있다. 우리나라 1961년 개정판 국어대사전에서는 "요리의 품목표 또는 차림표"라고 정리되어 있어, 메뉴판의 의미가 더 많이 부각되어 있음을 알 수 있다.

메뉴의 정의에 대한 여러 학자의 의견은 많은 공통점을 가지고 있으면서도 각자의 주장에 대한 핵심은 다양하게 나타나는데, 이를 표 1-1 에 정리하였다.

표 1-1 | 학자에 따른 메뉴의 정의

정의	학자
메뉴는 커뮤니케이션 도구이며 레스토랑과 고객을 연결하는 대화의 고리이다	Leonard F. Fellman(1981)
	Lother A. Kreck(1984)
메뉴는 정보의 제공자이다	Hrayr berberoglu(1987)
메뉴는 가장 중요한 마케팅도구이다	Anthony M. Rey & Rerdinand Wieland(1985)
	Robert A. Brymer(1987)
메뉴는 식음운영에 있어서 가장 중추적인 역할을 담당하는 관리도구이며 통제도구이다	Lendal H. Kotscjevar(1975)
	John W. Stokes(1982)
	Jack D. Ninemeier(1986)
	Edrard A. Kazarian(1989)
	Mahmood A. Khan(1991)
	Jack E. Miller(1992)
	Judy L. Miller(1992)
메뉴는 판매도구이다	Dougals C. Keister(1977)
	William L. Kahrl(1978)
	Judi Radice(1987)
	Donald E. Lundberg(1989)
	Bernard Davis & Saly Stone(1991)
메뉴는 레스토랑의 대화, 판매 그리고 PR도구이며 가장 중요한 내부의 마케팅도구이다	David V. Pavesic(1989)
	Nancy G. Seaberg(1991)

자료 김기영 외, 호텔. 외식산업 연회기획관리실무론

2. 메뉴의 역사

대중을 위한 레스토랑restaurant이 없었을 때에는 귀족들이 그들의 부를 과시하기 위하여 사람들을 초대하고 그 사람들을 위하여 음식을 만들어 제공하였다. 왕이나 귀족,

특권층이 아닌 대중을 위한 레스토랑의 시초는 프랑스의 'palace-royal' 안에 생겨난 레스토랑이었다고 하는데, 이곳에서부터 오늘날 일반적으로 말하는 고객을 위한 상품으로서의 메뉴가 탄생되었다고 볼 수 있다.

메뉴에 대한 유래는 매우 다양하게 소개되고 있으나, 어떤 것이 정설인지는 알 수 없다. 확증하기는 어렵지만, 이 모든 유래의 일정 요소들이 유기적으로 얽혀 있을 가능성이 많다. 다양한 메뉴의 유래에 대하여 소개하자면 다음과 같다.

첫째는 조리사, 그리고 시중드는 사람들을 위한 지침서 역할을 위해 만들어졌다는 설이다. 대중을 위한 레스토랑이 없었던 시기에 왕과 귀족들은 그 명예와 부의 과시를 위해 많은 공적, 사적 행사에 사람들을 초대하였고, 그 파티에는 어김없이 많은 음식이 제공되었다. 많은 음식을 제공하면서 하인들이 곤란을 겪자, 제공될 음식의 순서를 기록한 리스트를 제공하여 그들의 업무에 지장이 없도록 도와주었는데, 그 리스트를 '에스크리토' escriteau라고 칭하였으며 그것이 메뉴가 시작된 유래라는 이야기이다.

두 번째는 이탈리아의 메디치가의 딸들로 인해 이탈리아에서 프랑스로 전해진 음식문화는 프랑스의 음식문화에 큰 영향을 주었고, 점점 발달하면서 귀족들은 프랑스 음식을 즐기는 파티를 즐기게 되었다. 이렇게 나날이 발전하던 파티에서 프랑스 요리의 가짓수가 너무 많이 나와 귀족들은 본인이 좋아하는 음식이 나오기도 전에 배가 불러, 정작 좋아하는 음식을 먹기 힘들어지자 선택적으로 또는 조절하면서 음식을 즐기기 위해 제공되는 음식의 순서와 가짓수를 기록한 판을 만들게 되었고, 이렇게 음식의 가짓수와 나오는 순서를 기록한 것이 메뉴의 시작이었다는 이야기이다.

세 번째는 새로이 도입된 이탈리아 음식의 문화는 프랑스에 비해 상당히 높은 수준이었으므로 그 원재료와 조리법을 기억하는 것이 조리사들에게는 힘이 들었다. 이에 따라 그 음식의 원재료와 조리법을 기억하기 위해 메모를 하기 시작한 것이 메뉴의 시작이었다는 설도 있다.

네 번째는 프랑스 앙리Henri 8세 때 브랑위그라는 공작이 향연을 베풀면서 요리에 관한 내용과 순서 등을 기입한 리스트를 적어 식탁 위에 올려놓고 음식이 나오는 순서대로 그 메모를 참고로 하며 즐겼는데, 이 메모를 초대된 사람들이 무엇인가 묻자 '요리표' 라고 표현하였다는 것이다. 결국 그것이 귀족들 사이에 유행하게 되었고, 유럽 각국에 퍼졌다는 설이다. 프랑스에서는 1458년 이미 어느 귀족의 착안에 의해서 사용되었다는 설도 있고, 영국에서는 16세기경이었다고 알려지기도 하였다.

다섯 번째는 18세기 로코코시대, 살롱문화가 유행하면서, 사람들은 소규모의 모임을 밤마다 이곳저곳에서 가지게 되었다. 이 모임은 비밀스러우면서도 소규모였기에 하인들이 옆에서 직접적으로 시중을 들게 하지 않는 경우도 많았다고 한다. 이러한 살롱모임에 초대된 손님들에게 살롱의 주인은 그날의 음식리스트를 제공하고 가져갈 수 있게 하였다. 사람들의 수가 소규모였고 음식이 간단한 편이었기에 리스트를 만들어 나눠주는 것은 어려운 일이 아니었다. 또한 하인의 서비스를 직접적으로 받지 않았으므로 이 리스트는 꽤 유용하였다. 이것이 살롱문화의 번성으로 탄생했다는 메뉴의 예이다.

여섯 번째는 고대부터 '기록' 이라는 단어를 대체하는 개념으로 존재했다는 이야기이다. 고대 바빌론의 점토판이나 이집트의 피라미드 같은 고대 유적들의 벽화나 기록들을 살펴보면, 바빌론의 점토판 등에는 축제기간 동안 제공되던 음식과 음료의 기록이 적혀 있다고 한다.

이처럼, 메뉴의 유래에 대한 여러 가지 이야기가 있으나, 결국 메뉴는 조리를 능률적으로 하게 하고 서비스를 원활하게 도와주고 고객에게 서비스될 음식의 정보를 제공하는 역할을 한 것이 공통점이라 하겠다.

18세기 이전까지는 여러 가지 목적으로 집을 떠난 사람들이 식사를 해결하기 위해서는 대부분이 그들이 쉬어가는 곳에서 잠과 함께 음식도 해결하는 방식이었다. 즉 잠을 청하는 장소의 주인이 제공하는 식사를 주인이 정해준 시간에 제공받게 되는 형식이었다. 주인은 보통 코스로 잠자리와 함께 식사를 제공하였다. 이것이 현재 우리가 말하는 정찬메뉴인 타블 도트table d'hote의 시초가 된 것으로 여겨진다. 이 외에 프랑스에는 사람들이 식재료를 제공받을 수 있는 식료품점 같은 형태의 가게가 있었는데, 개인에게 요리를 제공해 주기보다는, 고기와 각종 식재료를 파는 곳(트레퇴르traiteur)이었다고 한다.

1765년 블랑제Boulanger라는 트레퇴르를 하던 사람이 '레스토랑restaurant' 이라고 하는 부이용Bouillon(쇠고기나 닭고기를 이용한 묽은 수프)의 한 종류를 'Boulanger devile des restaurants divins : 블랑제는 신성한 레스토랑을 판다' 라고 간판을 내걸고 팔게 되었는데, 이는 양의 족국물에 흰 소스를 얹은 듯한 것이었다고 한다. 이 '레스토랑(부이용)' 은 열량이 꽤 되어 산업혁명을 맞이하여 열량소모가 많았던 시민들에게 큰 인기를 얻게 되었다. 그때부터 이 '레스토랑' 이라는 메뉴는 큰 인기를 얻게 되었다고 한다. 이때부터 코스로 제공되는 타블 도트table d'hôte가 아닌 단품으로 제공되는 알라카르트a lá carte가 일반 대중에게 선보이게 되었다고 한다.

시민혁명으로 왕정이 무너진 프랑스에서는 왕이 떠난 왕궁의 한편에 이러한 알라카르트, 즉 단품을 식사로 제공하는 가게가 오픈하게 되었고, 그곳은 단품을 파는 가게, 즉 레스토랑을 파는 가게라고 사람들은 인식하게 되었다. 그 후 레스토랑이라는 명칭은 대명사화되어 지금 우리가 알고 있는 레스토랑의 형태로 이어져 왔다. 왕이나 귀족, 특권층이 아닌 대중을 위한 레스토랑의 시초였던 그 가게에서 메뉴라는 명칭이 사용되고, 이후 메뉴 명칭이 널리 사용되었다. 고객에게 제공될 음식을 기록한 차림표의 용도로 메뉴의 의미가 확대되어 쓰이기 시작하고 일반대중에게 제공되기 시작하자 메뉴는 더 예술적이고 고급스럽게 만들어지기 시작하였다.

3. 메뉴의 분류와 종류

메뉴의 분류와 종류는 어떤 기준을 적용하였는가에 따라 다르게 전개된다. 메뉴를 분류하고 종류를 나눔에 있어 어떠한 기준에 의해 분류되고 어떤 종류들로 나뉘는지 알아보자. 먼저, 메뉴를 분류하는 기준은 크게 5가지로 나누어 생각해 볼 수 있다.

즉 메뉴의 품목과 가격구성, 메뉴의 변화빈도와 주기(유지시간), 메뉴가 제공되는 시간, 메뉴를 제공하게 되는 배경의 나라와 식문화 그리고 메뉴의 서비스 형태이다.

메뉴를 분류하는 기준

- 메뉴의 품목과 가격구성
- 메뉴의 변화 빈도와 주기(유지시간)
- 메뉴의 제공되는 시간
- 메뉴를 제공하게 되는 배경의 나라와 식문화
- 메뉴의 서비스 형태

1) 메뉴의 품목과 가격구성에 의한 기준과 분류

(1) 정식요리 메뉴 Table d' hôte menu

집 밖에서 머물게 될 때, 여인숙의 주인이 잠자리와 함께 제공했던 요리에서 유래된 것으로 알려진 정식요리는, 손님에게 제공되는 요리가 그날 하루 혹은 며칠 동안은 똑같았다고 한다. 이것이 정식요리 메뉴table d' hote menu(타블도트메뉴)의 시작이다.

지금 우리가 살고 있는 시대의 정식요리라 함은 공식적인 자리나 결혼, 회갑연 등의 연회 등에서 주로 제공되며, 저녁식사에 주로 이용된다. 이전에 비해 많이 간소화된 코스로 구성되어 있다. 이 같은 정식요리메뉴의 장점과 단점을 표 1-2 에 정리하였다.

표 1-2 | 정식요리 메뉴의 장점과 단점

장점	단점
고객의 선택과 주문 용이 대량구매에 의한 원가절감 메뉴관리 용이 식자재의 구매, 저장 등 관리 용이 상대적으로 저렴한 가격 신속한 서비스로 좌석회전율 조절가능 인건비와 인력수 절감 주방의 흐름이 원활 제공자에 의해 고객은 다양한 음식체험	고객은 선택의 폭이 좁아짐 가격변화 요인에 대처하는 유연성 결여 종사원의 능력계발기회 적음 코스에 포함된 메뉴품목의 수가 제한됨 창의적인 메뉴와 서비스 결여

대표적인 장점으로는 코스가 정해져 있기 때문에, 음식을 준비하는 모든 과정이 예상 가능하고 그러하기에 계획이 가능하다는 것이다. 단점으로는 단조로움과 영향 요소

에 바로 대처하기 힘든 유연성의 결여가 있다.

(2) 일품요리 메뉴 A lá carte menu

고객이 원하는 음식만을 코스가 아니라 단품으로 선택할 수 있는 형태이다. 레스토랑이 생겨난 이후부터 일품요리는 중요한 메뉴 형태의 한 종류가 되었으며, 현대에 와서는 가장 흔하게 접할 수 있는 메뉴 형태이다. 이런 일품요리메뉴의 장점과 단점을 표 1-3 에 정리해 놓았다.

일품요리메뉴의 대표적인 장점은 객단가를 높일 수 있고, 여러 가지 매력적인 메뉴를 고객에게 제공할 수 있다는 것이다. 단점은 그에 따라 전반적인 메뉴관리, 즉 식재료, 구매, 저장, 원가 등 많은 영향 요소의 관리가 어렵다는 것이다.

표 1-3 | 일품요리 메뉴의 장점과 단점

장점	단점
고객의 선택 폭이 넓어짐 객단가를 높일 수 있음 기술 연마 필요성에 따라 수준향상 가격변화 요인에 대처하는 유연성이 좋음 메뉴개발을 통해 창의성 표현가능	가격이 비쌈(상대적) 메뉴 관리가 어려움 메뉴 개발이 자주 필요 메뉴지식이 없는 고객은 선택이 어려움 인건비 높음 원가 상승 이윤의 불안정 홀 직원 전문화 요망

(3) 조합 메뉴 Combination menu

정식요리메뉴와 일품요리메뉴의 장점만을 혼합한 메뉴로서, 패밀리 레스토랑에서 일품요리메뉴 형태와 더불어 많이 사용되고 있다.

(4) 연회 Banquet와 뷔페 Buffet

연회메뉴는 크게 코스로 제공되는 메뉴와 뷔페식으로 제공되는 메뉴로 나뉜다. 뷔페 buffet는 적은 공간에 많은 사람이 이용하게 될 때 주로 이용되며, 고객이 주문한 후 음식을 준비하는 것이 아니라, 타깃층에 맞는 음식을 여러 가지 준비해 놓고, 고객이 선택하게 하는 방식이다.

(5) 스낵 Snack

스낵메뉴는 찬 스낵류, 더운 스낵류, 샐러드, 샌드위치, 햄버거, 디저트류, 그리고 음료 등이며, 주문을 받은 후 짧게 조리하는 숏오더short-order에 속한다. 따라서 패스트푸드fast food는 아니지만 패스트푸드만큼이나 빠른 회전율이 기대된다.

2) 메뉴의 변화 빈도와 주기(유지시간)에 의한 기준과 분류

(1) 고정메뉴 Fixed menu, Standardized menu, Static menu

상당기간 동안 메뉴를 고정시켜 고객에게 제공하는 형태를 의미한다. 고정메뉴를 사용하게 되면 생산성이 높아지므로 원가가 절감된다. 또한 구매, 저장 그리고 주방의 관리가 용이하게 된다. 일정기간 동안 메뉴가 변하지 않기 때문에 메뉴의 관리도 쉬워지며, 이는 좌석회전율에도 긍정적인 영향을 미칠 가능성이 있다. 그러나 원가와 음식에 대한 유행의 변화에 유연성 있게 대처하기는 어려워질 수 있다. 즉 식재료의 원가상승으로 인해 불가피한 가격변화를 가져와야 한다거나 고객의 니즈needs와 취향을 반영하기 쉽지 않게 된다는 의미이다. 이런 고정메뉴의 장점과 단점을 표 1-4 에 정리하였다.

고정메뉴의 대표적인 장점은 메뉴관리가 용이하다는 것이고, 단점은 융통성이 결여되고 메뉴가 단조롭고 권태로울 수 있다는 것이다.

표 1-4 | 고정메뉴의 장점과 단점

장점	단점
노동력 감소 메뉴관리 용이 인건비 감소 원가 감소 재고 감소 잔여음식 감소 효율적인 통제 가능	구매의 경직성 메뉴의 단조로움과 권태로움 시장제한 외부요소에 따른 융통성 결여 이윤창출이 제한됨

(2) 순환메뉴 Cycle menu

순환메뉴란 주기를 두고 메뉴가 변화하는 형태로서, 크게 4가지로 분류된다.

즉, 티피컬사이클메뉴typical cycle menu, 전형성을 응용한 티피컬브레이크사이클메뉴typical-break cycle menu, 흩어져 있는 메뉴아이템들을 기준 없이 무작위로 뽑아 구성하는 랜덤사이클메뉴randam cycle menu, 그리고 메뉴 아이템들에 각자의 주기를 부여해 구성하는 스프리트사이클메뉴split cycle menu이다.

❶ **티피컬사이클메뉴**Typical cycle menu | 주기를 줄 때, 같은 날, 즉 같은 요일, 같은 날짜에 항상 같은 메뉴를 제공하는 형태로서, 예를 들어 월요일마다 같은 메뉴가 제공된다든지, 매달 1일마다 같은 메뉴가 제공된다든지 하는 형태이다. 따라서 메뉴를 제공받게 되는 소비자의 입장에서는, 변화는 있겠지만 그래도 역시 단조롭다고 느낄 가능성도 다분하다.

❷ **티피컬브레이크사이클메뉴**Typical-Break cycle menu | 티피컬사이클메뉴의 단조로울 수 있는 가능성을 보완하고자 만들어진 메뉴 형태로, 주기를 줄 때 일주일이나, 한 달처럼 누구나 다 인지할 수 있는 확실한 주기를 선택하지 않고, 약간의 변화를 주는 형태이다. 일주일 동안 식사를 지속한다고 예상했을 때, 일주일(7일) 주기보다는 6일이나 5일 주기를 준다든지, 한 달이 아닌 20일 주기를 준다든지, 메뉴의 종류는 주기보다 약 10~30% 정도 많이 하여 제공하는 형태이다. 이렇게 하면, 매달 1일이나 매주 월요일 등 인지하기 쉬운 날에 같은 메뉴가 제공되지 않아 티피컬메뉴 형태에서 느낄 수 있는 단조로움은 사라진다.

❸ **랜덤사이클메뉴**Random cycle menu | 임의로 아이템들을 배치하는 방식으로 정해진 규칙 없이 무작위로 아이템들을 배치한다. 이 방법은 여러 가지 시장변화에 유연하게 대처할 수 있는 방법이다.

❹ **스프리트사이클메뉴**Split cycle menu | 아이템을 더욱 다양하게 제공하기 위하여 고안된 메뉴형태로 메뉴상에 제공되는 개별의 아이템에 각각의 주기를 부여하여 배치함으

로써 메뉴의 다양성을 키우는 방법이다. 먼저 선호도가 높은 순서대로 아이템을 배열하고 제공빈도를 높게 고려한다. 선호도가 높지 않은 경우에는 그 빈도를 낮게 잡는다. 각각의 아이템에 제공되는 주기는 메뉴를 계획하고 제공하는 사람에 의해 여러 가지 영향 요소를 고려하거나, 그 외 기준들을 적용하여 결정할 수 있고 수정 변화 가능하며 지속적인 검토와 연구가 필요하다.

이와 같은 순환메뉴의 장점과 단점은 표 1-5 에 정리하였다.

표 1-5 | 순환메뉴의 장점과 단점

장점	단점
교육 감소 노동력 감소 메뉴 생산예측 가능 재고 감소 잔여음식의 효과적 사용 효율적 통제 가능	고도의 숙련된 인력의 요구 메뉴에 대한 여전한 권태감 인건비 상승 인쇄 및 잡비용 증가 재고가 될 가능성을 내포한 많은 메뉴

(3) 단기 메뉴 Short-term menu, market menu

특정한 단기간의 기간이나 시기에 이용가능한 상품들로 구성하는 메뉴형태를 말한다. 이 메뉴형태의 장점은 신선함, 계절, 그리고 그 시기에만 형성되는 합리적인 가격에 그 매력이 있다. 그러나 제한된 이용가능성 때문에 단기적으로 이용된다. 이러한 단기메뉴의 장점과 단점은 표 1-6 과 같다.

표 1-6 | 단기메뉴의 장점과 단점

장점	단점
단기간의 변화 가능 메뉴의 참신함 신 메뉴에 시장에 대한 반응 체크가능 잔여음식 처리 용이	숙련된 인력요구 인건비 상승 원가 상승 재고의 증가 통제력 결여

3) 메뉴의 제공되는 시간에 따른 기준과 분류

(1) 조식 Breakfast

조식이란 아침식사를 말한다. 호텔에서는 일반적으로 오전 7시부터 10시까지 제공되는 경우가 일반적이다. 이 조식은 전형적으로 대륙식 조식continental breakfast, 미국식 조식american breakfast, 영국식 조식english breakfast, 비엔나식 조식vienna bareakfast 형태와 호텔에서 특별히 계획한 상품, 단체손님을 위한 뷔페형식도 있다.

❶ **대륙식 조식**Continental Breakfast | 대륙식 조식 메뉴에는 일반적으로 계란 요리는 제공되지 않는다. 빵과 음료 등 가장 간단한 조식형태로 제공된다.

Juice → Toast Bread → Beverage

❷ **미국식 조식**American Breakfast | 다른 조식에 비해 계란과 함께 제공되는 음식이 다채롭다. 주스 후에 시리얼, 그리고 햄이나 소시지, 베이컨 또는 튀긴 감자, 토스트와 음료가 제공되는 조식형태이다.

Juice → Cereal → Egg(with ham, sausage, bacon, fried photato) →
Toast bread → beverage

❸ **영국식 조식**English Breakfast | 미국식 조식에 시리얼이 있다면 영국식에는 오트밀이 있다. 다른 조식에 비해 특이한 점은 생선요리가 제공된다는 점이다.

Juice → Oatmeal → Fish → Egg → Toast Bread → Beverage

❹ **비엔나 조식**Vienna Breakfast | 토스트에 비해 단맛과 버터맛이 더하여진 빵과 반숙의 계란요리, 그리고 커피나 우유가 제공된다.

Sweet roll or Danish pastry → soft boiled egg → coffee or milk

(2) 브런치 Brunch

통상 아침과 점심 사이에 간단히 제공되는 식사이다. 즉, 아침 식사와 점심 식사 중간의 늦은 오전 시간대에 먹는 아침 겸 점심 식사로 최근에 인기를 많이 얻고 있다. 특별한 형식은 없으나, 디너보다는 가볍게 아침보다는 무겁게 먹는다. 또한 메뉴계획을 할 때 차나 커피 같은 기호식품을 함께 넣어주면 좋다.

(3) 런치 Lunch /런천 Luncheon

점심식사를 의미한다. 미국에서는 런치lunch로 불리며 아침과 저녁 사이, 유럽에서는 런천luncheon으로 불리며 12시 전후에 먹는 식사이다.

아침식사보다는 가볍고 저녁식사보다는 무겁게 계획한다. 현대에 와서는 양과 더불어 테이크아웃take-out 형태의 점심식사가 많이 일반화되어 있어서, 샌드위치나 햄버거, 피자처럼 테이크아웃이 가능한 음식이 많아졌다. 이와 더불어 일본의 스시 또한 테이크아웃이 가능한 점심식사로 각광받고 있다. 일본의 경우에는 도시락을 편의점 등에서 간단히 테이크아웃용으로 상품화하여 상당히 인기가 있고, 그 종류가 너무나 다양하며 품질 또한 수준급이다. 이런 테이크아웃 형태의 점심식사는 정식요리 형태보다는 단품의 형태를 많이 이용한다.

(4) 애프터눈 티 Afternoon tea

유럽의 상류층에서부터 즐기기 시작한 애프터눈 티afternoon tea는 간단히 배를 채울 수 있는 샌드위치나 케이크, 또는 과일 등을 홍차와 함께 마시는 형태로서, 점심시간이 지난 오후 2~3시경에 많이 이용된다. 배불리 음식을 먹기보다는 간단한 간식 같은 개념으로 음식이 제공되고, 먹는 행위보다는 사교의 목적이 더 큰 메뉴의 형태이다.

(5) 하이 티 High tea

유럽에 금광 개발 붐이 일던 시절, 광부들에 의해 형성된 메뉴형태로, 광부들이 일을 마치고 집으로 가 저녁을 먹기 전 고된 노동으로 인한 고갈된 에너지를 채우고, 칼칼한 목을 적시기 위해 차 한잔과 팬케이크 등을 먹었던 메뉴형태이다. 보통 집으로 귀가하기 전 오후 4~5시경에 이루어졌다.

(6) 디너 Dinner

가장 형식을 갖추어 먹는 디너 dinner는 일반적으로 정식메뉴 형태로 제공된다. 충분한 시간을 두고 하루 일에 대한 대화를 나누며 먹는 디너는 레스토랑에서 상품으로 제공될 때에도 가장 비싼 가격에 속하고 시간도 많이 걸린다. 디너는 크게 애피타이저, 생선, 고기 그리고 디저트 순서대로 와인과 함께 제공된다. 최근에는 생선이나 고기 중 하나를 고르게 하는 형태같이 간소화된 형태가 더 많이 제공되고 있지만, 각 섹션을 더 세밀하게 나눈 형태의 디너도 존재한다.

(7) 서퍼 Supper

원래는 오페라나 음악회의 중간 쉬는 시간에 사교를 나누면서 허기를 채우기 위해 가볍게 먹는 식사였으나, 현재는 밤에 먹는 간식을 의미하는 경우가 더 많다. 보통 저녁식사인 디너를 마치고 난 후 잠들기 2시간 전인 저녁 10시경에 이루어진다. 수프나 샌드위치 등 위에 부담이 크지 않은 메뉴를 제공한다.

4) 메뉴를 제공하게 되는 배경의 나라와 식문화에 따른 기준과 분류

(1) 한국식 韓國食

한식을 콘셉트 concept로 메뉴를 기획 · 개발 · 계획하는 레스토랑들은 첩을 기준으로 하는 정식차림과 단품을 아이템으로 하는 경우로 구분될 수 있다. 단품의 경우에는 정찬 중 손이 많이 가는 한 아이템을 단품으로 기획하는 경우부터, 누구나 쉽게 만들 수 있는 분식에 이르기까지 다양한 아이템들이 있다.

한식은 그 상에 차려지는 주식류가 무엇인가와 상이 차려지는 목적에 따라 크게 반상, 죽상, 면상, 주안상, 다과상 그리고 잔칫집 등에서 여러 명이 먹도록 차려진 교자상으로 나뉜다. 반찬으로 이해되는 '첩' 몇 개가 상차림에 놓여 있느냐에 따라서 3첩, 5첩, 7첩, 9첩 그리고 임금에게만 놓았다던 수라상인 12첩으로 나눌 수 있다.

농경문화에 기반한 사회라는 역사적 · 사회적 배경으로 인해 생겨난 세시풍속은 농사를 위해 함께 노동력을 집약하여 계절과 시기에 맞춰 일을 할 때마다 함께 나눠먹는 음식문화를 남겨주었다. 조선시대를 대표하는 이념이자 종교적인 역할마저 담당했던 유교의 영향은 사람이 태어나 죽을 때까지 행해야 하는 통과의례와 이를 행할 때 갖추던 음식문화를 남겨, 한식의 독특한 식문화와 메뉴 아이템들이 탄생되었다.

표 1-7 | 첩에 따른 상차림 구성(有無와 개수)

상	첩수에 해당되지 않는 음식							첩수에 해당되는 음식										
첩	밥	국	김치	장	찌개 조치	찜 선	전 골	나물		구 이	조 림	전	마른 반찬	장 과	젓 갈	회	편 육	수 란
								생채	숙채									
3	有	有	有	1	無	無	無	택1		택1		無	택1			無	無	無
5	有	有	2	2	1	無	無	택1		1	1	1	택1			無	無	無
7	有	有	2	3	2	택1		1	1	1	1	1	택1			택1		無
9	有	有	3	3	2	1	1	1	1	1	1	1	1	1	1	택1		無
12	有	有	3	3	2	1	1	1	1	2	1	1	1	1	1	1	1	1

표 1-8 | 세시풍속과 절식(節食)

월(月)* 음력기준	세시풍속일	메뉴 아이템
정월(正月, 1월)	설날 대보름	떡국, 세찬, 세주 귀밝이술, 부럼, 오곡밥, 복쌈, 약식, 진채식, 적두증병
이월(二月, 2월)	중화절 경칩일	노비송편, 시래기떡 봄나물, 대구모젓, 고로쇠액
삼월(三月, 3월)	삼짇날 한식	진달래화전, 화면, 청면 등 찬밥
사월(四月, 4월)	초파일	느티잎시루떡, 볶은콩
오월(五月, 5월)	단오	수리취떡, 제호탕
육월(六月, 6월)	유두 삼복	밀쌈, 편수, 수교위 구장, 육개장, 삼계탕, 장어
칠월(七月, 7월)	칠월 백중	깨찰편, 수단 상어돔배기구이
팔월(八月, 8월)	추석	송편, 숙실과, 누름적
구월(九月, 9월)	중양절	감국전, 국화주
십이월(十二月, 12월)	동지	팥죽, 전약

표 1-9 | 시식(時食)

계절	메뉴 아이템
봄(春)	탕평채, 서여증식, 재첩국, 생멸치회, 송기떡, 쑥굴레 등
여름(夏)	장미화전, 개피떡, 어채, 파전, 백합죽, 미나리요리, 깻국탕, 호박요리, 은어, 옻닭, 어저귀국, 풋고추요리, 여름과일 등
가을(秋)	추어탕, 밤고물단자, 대추인절미, 집장 등
겨울(冬)	무시루떡, 연포탕, 연엽주, 유자잎인절미, 굴밥, 갱식, 아귀찜, 고구마죽, 선짓국, 골무병 등

표 1-10 | 통과의례와 메뉴

통과의례	메뉴와 상차림	
출생(出生)	임신	좋고 귀한 것만 먹도록 함
	출산	흰밥, 미역국
삼칠일(三七日)		흰밥, 미역국, 나물, 수수팥단자
백일(百日)		백설기, 수수팥떡
첫돌		국수, 경단, 편, 대추, 각종 음식
생일(生日)		흰밥, 미역국, 떡, 각종 음식
관례(冠禮)		각종 음식
혼례(婚禮)	의혼(議婚) 납채(納采) 간선(揀選) 문명(問名) 연길(涓吉) 의양(依樣) 납폐(納幣) 친영(親迎) 신행(新行) 현구고례(見舅姑禮) 입주(入廚) 근친(覲親)	봉치떡, 술상, 교배상(交拜床), 임매상, 폐백음식, 각종 음식 등
회갑례(回甲禮)		고배상, 임매상, 회갑상

회혼례(回婚禮)	육순(六旬) 진갑(進甲) 고희(古稀) 희수(喜壽) 산수(傘壽) 미수(米壽) 백수(白壽)	교자상, 각종음식
상례(喪禮)		사자밥, 혼백상, 전(奠), 상식, 삭망설찬(朔望設饌)
제례(祭禮)		제수(祭需)

Tip

시식(時食) & 절식(節食) | 시식은 봄, 여름, 가을, 겨울에 맞춰 그 시기에 나는 식품으로 만든 음식을 말하고 절식은 달마다 한두 개씩 있는 절기나 명절에 챙겨 먹는 음식을 말한다.

교배상(交拜床) | 혼례식 때 차리는 상, 지방마다 집안마다 다르다.

제수(祭需)진설법 | 지방마다 집안마다 관습과 풍속, 전통에 따라 다르나 일반적으로 홍동백서(紅東白西), 조율시이(棗栗柹梨), 좌포우혜(左脯右醯), 어동육서(漁東肉西), 두동미서(頭東尾西), 건좌습우(乾左濕右), 생동숙서(生東熟西), 접동잔서(碟東盞西), 우반좌갱(右飯左羹)을 따른다.

(2) 중국식 中國食

중식이라 하면, 집 주변에 위치한 자장면집을 떠올리기 쉬우나, 요즘에는 현대화되고 고급스러운 중식 레스토랑과 세련된 퓨전 중식 레스토랑을 만날 수 있다.

한식의 세시풍속이나 통과의례에 관련된 풍습들은 중국의 영향을 일부 받아 비슷한 점이 있을 수 있지만, 워낙 환경적인 차이가 많이 나므로 서로 다른 점이 많다.

그림 1-1 | 중국지도

중식은 기름을 많이 사용하는 게 특징인데, 보통 조리를 할 때 기름을 사용하면, 재료의 맛이 살아나고 영양분의 파괴가 적고 높은 칼로리를 가지게 된다. 기름을 많이 사용하게 된 유래로는 여러 가지 설이 있는데, 넓은 영토에서 식재료의 이동이나 보관 중 있을 수 있는 위생상의 문제를 기름에 볶거나 튀김으로써 소독했다는 것과 환경적인 영향 탓에 열량이 많이 요구되어 다량 쓰이게 됐다는 것이 가장 일반적이다.

중국은 다양한 기후와 민족들을 대표하는 요리를 중국 4대, 8대, 10대 요리로 소개한다. 그에 대한 내용은 **표 1-11** 에 자세히 소개되어 있다.

표 1-11 | 중국의 대표요리

<table>
<tr><th colspan="3">구분</th><th>요리명</th><th>지역</th><th>특징과 메뉴</th></tr>
<tr><td rowspan="10">10대요리</td><td rowspan="8">8대요리</td><td rowspan="4">4대요리</td><td>사천요리</td><td>중남부</td><td>매운맛 많음, 다양한 채소요리</td></tr>
<tr><td>광동요리</td><td>남동부</td><td>매운맛 많음, 기름사용 많음, 녹말농도 조절 많음, 희귀한 식재료 많음</td></tr>
<tr><td>산동요리</td><td>중동상부</td><td>부드러운 맛 많음, 향기를 살리는 조리법 많음</td></tr>
<tr><td>강소요리</td><td>중동부</td><td>재료의 본 맛을 중시, 계절식 발달</td></tr>
<tr><td colspan="2">호남요리</td><td>중남부</td><td>칼기술이 높음, 시큼하고 매운맛 많음</td></tr>
<tr><td colspan="2">복건요리</td><td>남동하부</td><td>달고 신맛 많음, 탕요리 많음, 불도장, 수산자원 풍부</td></tr>
<tr><td colspan="2">절강요리</td><td>중동하부</td><td>신선하고 짠맛이 특징, 해물요리 많음, 동파육</td></tr>
<tr><td colspan="2">안휘요리</td><td>중동내부</td><td>진한 맛이 많음, 푸짐하게 내는 특징</td></tr>
<tr><td colspan="3">북경요리</td><td>북경주변</td><td>화려함, 고급요리 발달, 가벼운 양념, 베이징덕</td></tr>
<tr><td colspan="3">상해요리</td><td>상해주변</td><td>외래문화의 영향이 큼, 동서양의 퓨전이 많음, 간장과 설탕 사용 많음, 달고 농후한 맛 선호</td></tr>
</table>

(3) 일본식 日本食

전통 사시미를 주 메뉴로 하는 일식 레스토랑. 최근에는 작은 술집이나 고급 일본 요릿집, 일본의 프랜차이즈들까지 다양하게 일식을 즐길 수 있게 되었다. 일본음식은 즙과 채를 기본으로 몇 가지의 즙과 채를 내느냐에 따라 일상식의 상차림이 달라지기도 하지만, 다른 어느 나라보다도 퓨전문화가 강하기 때문에 카레처럼 마치 일본음식인 양 보이는 음식도 상당히 많다.

표 1-12 | 일본요리의 종류

명칭	내용
혼젠(本膳)요리	관혼상제 등에 쓰이는 정찬요리
가이세키(懷石)요리	차를 마시기 전 먹게 되는 간단한 요리
가이세키(會席)요리	혼젠양식을 응용한 향응요리
쇼오징(精進)요리	향신료의 사용을 절제하는 사찰요리
후차(普茶)요리	기름과 전분을 많이 쓰는 중국풍채식요리

(4) 유럽식

❶ **프랑스식** | 서양음식의 대명사인 프랑스 음식은 프랑스의 풍부한 식재료와 문화적 열망으로 이탈리아 음식을 고급스럽게 잘 포장하여, 레스토랑이라는 형태로 전 세계에서 제일의 요리로 평가받고 있다. 프랑스 요리의 묘미는 충분히 살린 식재료에 그에 적합한 소스를 제조하여 그 맛을 창조하는 데 있다. 한국에서 프랑스 요리는 보통 고급스런 포멀 디너formal dinner의 형태로 많이 알려져 있으며, 유명한 요리로는 달팽이 요리인 에스카르고escargot, 거위간 요리인 푸아그라foie gras, 바닷가 솔밭 모래 속에서만 난다는 송로버섯요리인 트뤼플truffle 등이 있다. 그와 더불어 제과, 제빵이 발달하여 길게 만든 바게트baguette, 버터가 많이 함유된 초승달 모양의 크로와상croissant이 유명하다.

Tip

포멀디너(formal dinner), 정식, 풀코스(full course)

식단은 모임의 성격, 계절, 시각, 장소 그리고 손님의 연령, 성별 등을 고려하여 구성한다. 일반적으로 정식인 디너의 식단은 오르되브르, 수프, 생선요리, 앙트레(고기), 로티(새 등의 로스트요리에 샐러드 첨가), 소르베(셔벗), 과일, 커피 순서로 나온다. 각각의 요리에 알맞은 술이 나온다. 이것을 풀코스(full course)라 하며, 요리의 중심이 되는 것을 차례로 적고 술 이름을 적는 것이 상식이다.

❷ **이탈리아식** | 프랑스 음식의 원류이기도 한 이탈리아 음식은 면요리가 가장 대표적이다. 이탈리아 식 국수인 파스타의 종류에는 스파게티, 마카로니 등이 대표적이며 전

표 1-13 | 이탈리아 지방별 음식의 분류와 특성

지역	주	특성
서부	라치오 주	Est, 싱싱한 해산물요리 많음, 로마풍
	토스카나 주	메디치가, 키안티, 메디치가, 버섯, 올리브유
중부	옴부리아 주	팔룸바
	마르게 주	해산물과 산나물 많음, 브로데토, 갈라마레티리피에노
	아브루조 주	고기요리, 스트라치
	몰리세 주	칼키오니디리코타, 마차렐레다넬로
북부	베네토 주	바다와 육지의 산물의 조화, 비골리, 판도로
	트렌티노알토아디제 주	보리수프, 스페크(생햄)
	프리울리베네치아줄리아 주	산다니엘의 생햄(돼지고기 발끝까지 만듦), 굴라시
	롬바르디아 주	축산, 농업지, 호박, 패스트푸드 처음 도입
	에밀리아로마냐 주	파르미지아노치즈, 파르마의생햄, 토르벨리니, 참포네
	리구리아 주	올리브 최대산지, 야채요리 많음, 트레네테알페스트
	제노바	페스토제노베제, 라비올리
	피에몬테 주	쌀, 백토리프이, 퐁뒤, 아뇰로티, 로비올라
	발레다오스타 주	검은 푸딩, 폴렌타, 아오스타풍 커피
남부	폴리아 주	올리브기름, 향초향 짙은 요리 많음
	바실리카타 주	돼지고기 소시지 이용 요리 많음
	갈리브리아 주	야채요리 많음, 고추의 매운맛
	시칠리아 주	쿠스쿠스

세계적으로 널리 알려져 있다. 이탈리아의 남부지역은 대체로 올리브유를 많이 쓰고 마늘과 토마토를 이용한 요리가 많다. 이탈리아의 북부지역에서는 이와 달리 버터를 많이 이용하는데, 밀가루와 쌀의 산지여서 면류가 더욱 발달되었다. 피자의 경우에는 이미 전 세계의 간식 및 식사대용으로 널리 이용되고 있다. 터키를 통해 커피가 유입된 후로는 커피문화가 더욱 발전되어 이탈리안 커피가 세계적인 명성을 얻었다. 한국에서는 점점 전문화된 이탈리아 음식점이 대중화되는 추세이다.

(5) 미국식

미국은 각 민족의 식문화가 혼합되어 있는 혼합문화 국가다. 또한 세계에서 가장 부유한 나라이면서 시장이 큰 나라이고 다양한 사람이 모여 사는 나라이기 때문에 음식

Tip

이탈리아 정찬 순서

Aperitivo : 식전주 → antipasto(냉전채) : 생선회, 육회(새콤 짭짤) → primo piatti(곡류) : 파스타, 피자, 리조또, 건더기 수프 → secondo piatti(main) : 생선, 육류 + 익힌 야채, 감자 → sherbet 셔벗 → cheese → dessert (dolce, gelatto, panna cotta) → espresso coffee

쿠스쿠스

아랍요리인 쿠스쿠스는 이탈리아 시칠리아 지방에 거의 토속음식처럼 정착됨.
생선수프를 거친 세몰리나 가루를 개어, 잘 찐 후, 그 위에 생선과 생선수프를 끼얹어 먹음.

도 매우 다양하게 혼합되고 발달되어 왔다. 미국 음식은 제1차 세계대전을 통해 통조림 및 가공식품이 급속히 발달되었고, 2차 세계대전 당시 고과당의 개발로 감미료의 소비 형태를 변화시켜 대규모 생산, 간편함, 많은 양과 열량 등을 특징으로 한다. 이러한 음식에 대한 여러 가지 관점은 최근에 와서는, 햄버거와 스테이크, 패스트푸드에서 식물유, 채소, 두부 등과 같이 건강한 식단으로 탈바꿈 중이며, 음식의 트렌드와 유행을 이끌어가는 리더로서의 역할을 담당하고 있다. 특히 뉴욕 같은 도시는 패션뿐만 아니라, 레스토랑이나 메뉴에 있어서도 업계를 선도해 나가는 도시로 거듭나고 있다. 또한 비만인구가 사회적 문제로 대두되면서 건강을 위한 식사에 대한 관심이 높아지고 있다.

(6) 에스닉식

에스닉식은 각국의 독특한 문화를 소개하는 토종 음식을 말한다. 인터넷과 방송의 발달은 우리와 다른 문화를 잘 받아들일 수 있도록 분위기를 조성해 주기 때문에 과거보다 한층 일반화되어 가고 있다.

❶ 인도 및 이슬람식 | 쇠고기를 먹지 않는 힌두교 윤리에 따라 인도에서는 쇠고기 요리 대신 채소 섭취가 많고, 콩과 유제품을 사용하는 경우가 많다. 인도를 대표하는 카레는 그 종류가 아주 다양한데, 15~16가지 이상 되는 여러 가지 향신료를 섞어 다양한 카레가 상용되고 있다. 카레는 이탈리아 음식과 함께 우리의 일상에 상당히 깊숙이 들어와

있다. 카레의 깔끔하고 독특한 풍미가 매력으로 작용하여 일반적으로 널리 사용된다. 힌두교와는 달리 이슬람교는 돼지고기를 먹지 않고 주로 양고기를 많이 사용한다. 조리에 굽는 형태가 많아 전체적으로 영양가는 높고 열량은 적은 형태가 많다. 무슬림들은 이슬람법(샤리아sharia)이 정하는 음식조리법을 매우 철저히 지키려 하며, 특히 라마단 기간에는 더욱 철저하다. 최근에는 이러한 음식을 전문으로 하는 음식점도 점점 늘어나는 추세이다.

❷ **태국 및 동남아시아식** | 동남아시아 중 정부 차원에서 음식을 통해 문화를 홍보하고 있는 태국의 경우에는 매운맛을 특징으로 가지고 있다. 음식은 단맛이 거의 없으나, 음료의 경우에는 상당히 단 경우가 많다. 동남아시아의 여러 나라는 중국과 유럽 여러 나라의 영향을 많이 받아, 그들과 비슷한 점을 많이 가지고 있다. 그와 더불어 나라마다 고유의 특산물과 자연환경, 사회적 요구에 따라 독특한 그들만의 음식을 발전시켜 왔다. 또한 불교가 대다수여서, 육식보다는 채식이 발달하였다. 동남아시아에는 외국의 지배를 상당기간 받은 나라들이 많기 때문에, 지배를 했던 유럽국들이나 중국 등의 식문화에 영향을 많이 받았다. 동남아시아의 음식들도 인터넷이나 방송, 여행의 발달로 많이 소개되어 친숙해지고 있으며, 이를 콘셉트로 한 음식점이 많이 늘어나고 있는 추세이다.

Tip

라마단

1년을 364일로 쓰는 태음력 중 아홉 번째 달의 이름인 라마단은 이슬람교를 가진 사람들에게 라마단달 1달 해가 떠 있는 동안, 음식뿐만 아니라 담배, 물, 성관계도 금지된다. 이슬람교도들은 이를 철저히 지키며 이를 통해 수양한다.

5) 메뉴의 서비스 형태에 의한 기준과 분류

(1) 셀프서비스 메뉴 Self service menu

뷔페형식을 의미한다. 제시된 일정 금액을 지불하고 차려진 메뉴를 고객이 직접 선택하여 취하는 형태의 메뉴이다. 이는 공간에 비해 많은 사람에게 제공해야 할 때에나,

인건비를 절약하고자 할 때 유용한 서비스 방법이다.

(2) 카운터서비스 메뉴 Counter service menu

직접 조리방법을 지켜볼 수 있고, 원한다면 고객은 바로 음식을 제공받을 수 있다. 개방된 주방인 경우가 많아 직접 조리하는 것을 지켜볼 수 있고, 이는 엔터테인먼트적인 요소를 고객에게 선사하면서도 위생적인 믿음을 준다.

(3) 테이블 서비스 메뉴 Table service menu

메뉴판에 제시된 메뉴를 보고 종업원에게 주문을 하면, 모든 것을 종업원이 서비스해 주는 형태이다. 보통의 레스토랑에서 가장 많이 사용되는 서비스 방법이다. 고객은 테이블에 앉아 종업원의 서비스에 모든 것을 도움받는다.

4. 메뉴의 역할

아직도 많은 사람이 메뉴를 단지 레스토랑에서 제공하는 요리와 식음료를 기록하여 고객에게 정보를 제공하는 수단으로만 생각한다. 그러나 메뉴는 레스토랑의 각 부분이 유기적으로 균형을 맞추고 유지하며 효율적으로 그 기능을 발휘하여 비용을 최소화하고 마진을 극대화할 수 있도록 도와주는 통합 프로그램이라고 할 수 있다. 또한 메뉴는 관리자로서 레스토랑의 각 유기적인 부분들을 통제하는 역할을 담당하고, 그를 통해서 마케팅을 유연하게 이룰 수 있다. 그렇기 때문에, 레스토랑의 구매, 검수, 저장, 준비, 생산, 판매, 분석, 그리고 분석의 피드백까지 시스템화하고 관리하는 것이 중요하다. 이렇게 시스템화하고 관리할 때, 메뉴는 이 모든 과정의 중심에 위치한다. 모든 것이 메뉴로부터 메뉴를 통해 메뉴를 위해서 가늠되고 고려되는 것이다.

메뉴에 따라 식재료는 구매된다. 구매된 식재료의 저장기간과 장소도 메뉴에 의해 결정되며 재고관리의 방법이 설정되고 조리방법이 결정되고 서비스방법이 결정되고 작업계획이 세워진다. 이러한 여러 가지 관리활동이 메뉴에 의하여 결정된다. 또한 메뉴는 설비 및 장비의 종류를 결정하는 중요한 기준이 되며, 그 배치에 영향을 미치고 그에 따른 공간구성이 영향을 받으며, 식공간의 분위기를 좌우하는 등 연결되는 모든 요소에 유기체로서 영향을 미친다. 즉 메뉴에 의하여 식재료의 양이 결정되고, 구매처가 결정되며, 구매 아이템이 걸러진다. 메뉴에 의해 어느 정도 수준의 조리사가 요리할 수 있는지 결정되고, 식기나 기물이 정해지고, 서비스 형태가 결정되며 식공간의 인테리어도 결정된다.

메뉴는 반드시 시장조사를 기본으로 한다. 일반적인 시장조사, 즉 시장의 흐름을 읽었다면, 타깃 고객과 입지에 따른 세부적인 시장조사를 통하여 메뉴가 기획되고 개발되며 계획 구성되어야 한다.

메뉴콘셉트menu concept는 영업장 전체의 콘셉트total concept와는 다르지만 이와 유기적이면서도 메뉴 자체만의 콘셉트는 필요하다. 이에 따라 다른 요소들이 유연하게 변화할 수 있어야 하기도 한다.

메뉴는 가격에서도 충분한 고민과 연구를 통해 적절한 가격의 옷을 입어야 매력을 더할 수 있고 고객에게 어필하고 선택받을 수 있다. 이렇듯 아무리 강조해도 메뉴의 중요성은 퇴색되지 않는다.

메뉴의 역할은 시대에 따라 그 의미가 변화, 확대되어 왔다. 1960년대에는 단순한 리스트로의 차림표, 1970~80년대에는 마케팅과 관리의 개념이 이입되면서 그 역할이 확대되었고, 80년대를 지나 90년대에는 영업장 내부통제도구로서의 관리지향적인 측면이 더하여졌다.

지금 21세기에는 디자인의 개념이 더하여져, 하나의 복잡한 유기체로서의 메뉴의 역할이 확립되었다.

이처럼 변화되어 온 메뉴의 역할을 제대로 이해할 때 메뉴를 제대로 활용할 수 있다.

표 1-14 | 시대에 따른 메뉴의 역할변화

시대	개념	관점
1960년대	차림표	생산지향적
1970년대	+마케팅도구	
1980~90년대	+내부통제도구	+관리지향적
21세기	+디자인표현도구	+소통과 대화지향적

5. 메뉴관리의 이해

메뉴관리란 결국, 이처럼 복잡한 여러 가지 요소를 관리자가 원하는 방향으로 이끌기 위하여, 창조하고 조정하며 타협시키고 요소들끼리의 균형을 맞추는 일련의 모든 개념과 행위들을 말하는 것이다.

이렇게 관리된 메뉴는 결국, 고객에게 만족을 주어 다시 그 메뉴를 찾게 하고, 관리자에게는 영업목적을 이루게 해주어 원하는 최대이윤을 창출시켜 주며 시장을 키워주게 된다.

*참고문헌

김경임 外. 푸드코디네이션개론. 파워북, 2007
김광호 外. 식생활과 문화, 광문각, 2000
김기영 外. 메뉴경영관리론, 현학사, 2006
김운주 外 옮김. 푸드코디네이트론. 시그마프레스(주), 2005
나정기. 메뉴관리의 이해. 백산출판사, 2004
나정기. 외식산업의 이해. 백산출판사, 2003
문교부. 고등학교 가사. 대한 교과서 주식회사, 1988
안효주. 이것이 일본요리다. 여백미디어, 2003
윤서석. 한국음식. 수학사, 1993
조병준 옮김. 음식의 맛. 자유의 맛. 지호, 1998
조용범 外. 신 메뉴관리론. 대왕사, 2007
진양호 外. 메뉴관리론. 지구문화사, 2004
채영철 外. 중국의 음식문화와 중국요리. 지구문화사, 2003
최영준 外. 메뉴관리론. 대왕사, 2006

Jack E. Miller. Menu : pricing and strategy,3rd ed., VNR, 1992
Jack D. Ninemeier. Management of food and beverage operation. AH&MA, 1995
Jack D. Ninemeier. F7B Controls, 2nd ed., AH & MA, 1986
Jay Solomon. A guide to good menu writing , restaurant USA, 1992
John C. Birchfield. Food service operations manual, USA., 1979
Marian C. Spear. Food service organizations : A managerial and systems approach, 3rd ed., Prentice-Hall, 1995

日本フードスペシャリスト協會編. フードコーディネート論Ⅰ. 建帛社, 2000
日本フードスペシャリスト協會編. フードコーディネート論Ⅱ. 建帛社, 2001
日本フードコーディネーター協會編. フードコーディネーター教本. 柴田書店, 2004

메뉴와 푸드 서비스 시스템의 이해

Chapter 2

1. 푸드 서비스 시스템의 정의
2. 푸드 서비스 시스템의 종류
3. 푸드 서비스시스템의 단계
4. 메뉴와 기물

1. 푸드 서비스 시스템의 정의

푸드 서비스 시스템 Food Service System이란 음식을 고객에게 제공함에 있어, 제공되기 전까지 일어나는 일련의 과정들을 시스템화하여 관리하는 것을 의미한다.

음식이 고객에게 제공될 때, 상품으로서 매매가치를 높이고 고객의 만족을 얻어내기 위하여 요구되는 여러 가지 과정과 고려해야 하는 여러 가지 요소가 시스템화되어 있을 때, 더욱 효율적이기 때문이다. '구매 → 수납 → 저장 → 판매 → 분석 → 분석의 결과 → 피드백' 으로 이어지는 일련의 과정을 시스템화하여 관리하는 것이 결국, 푸드 서비스 시스템이라고 할 수 있다.

2. 푸드 서비스 시스템의 종류

푸드 서비스 시스템에는 레스토랑, 카페 같은 영업장처럼 이윤추구를 주목적으로 운영하는 푸드 서비스 시스템과 학교, 병원, 사회복지시설 같이 이윤추구를 하면서도 다른 목적을 함께 달성하고자 하는 급식 푸드 서비스 시스템, 이렇게 크게 두 가지로 나누어 생각해 볼 수 있다. 즉 운영 푸드 서비스 시스템이 이윤의 극대화를 목표로 하는 영리목적이라면, 급식 푸드 서비스 시스템은 이윤과 더불어 각각의 시설에 맞는 교육, 개선 같은 의도도 포함한 것이다.

1) 운영 푸드 서비스 시스템

(1) 마무드 Mahmood A. Khan의 연구

영업장의 관리와 조직은 조직, 채용, 지시, 통제, 예산, 개발, 마케팅, 기획, 대화, 결정 등 10가지 요소의 지원에 의해 메뉴를 개발하고 계획하여 탄생시키거나 직접 생산 시스템으로 보내 서비스, 즉 판매를 가능하게 한다.

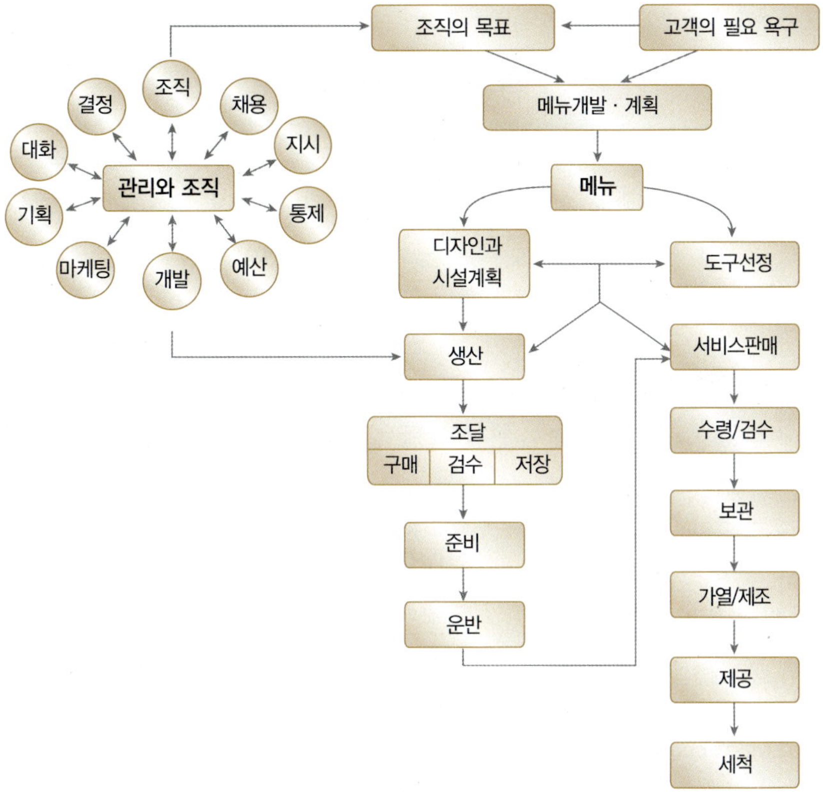

그림 2-1 | Mahmood의 푸드 서비스 시스템

(2) 리빙스턴 G. E Livingstone과 샤롯데 Charlotte M. Chang의 연구

영업장을 주방kitchen을 중심으로 하는 생산과 홀hall을 중심으로 하는 서비스로 양분화하고, 그 중심에 메뉴와 디자인, 교육, 위생, 마케팅, 영양 등을 두어 푸드 서비스 시스템을 구성하는 요소들이 다른 요소들과 어떻게 서로 영향을 주고받는지 그 상관관계를 보여준다.

주방을 중심으로 하는 생산의 관점에서 특히 준비와 운반의 경우, 각각의 영업장 콘셉트와 운영방식 등에 따라 상당히 달라질 수 있다.

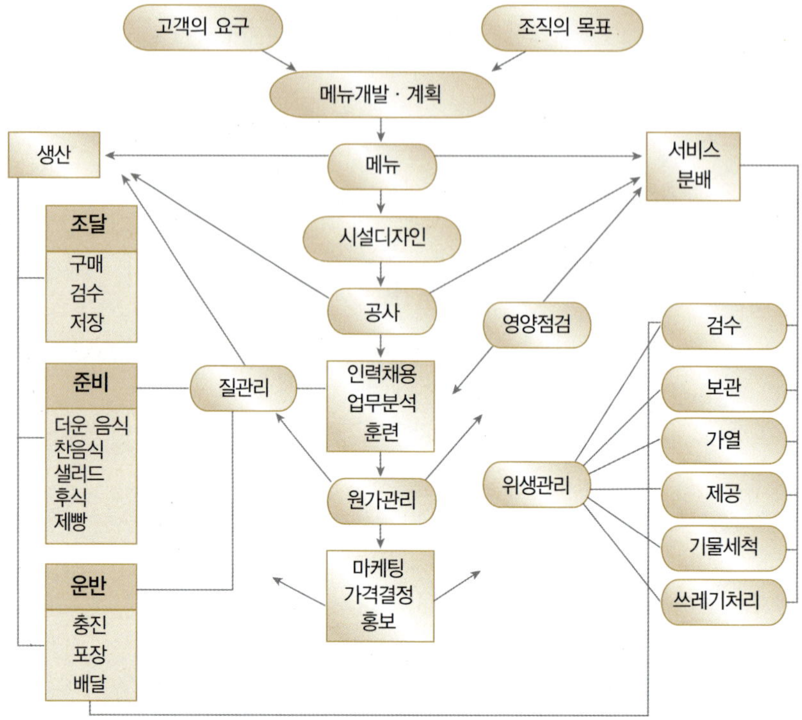

그림 2-2 | Livingstone & Charlotte의 푸드 서비스 시스템

2) 급식 푸드 서비스 시스템

(1) 전통적인 푸드 서비스 시스템 Conventional food service system

전통적인 급식제도는 가장 오래 이용한 시스템으로 식재료를 원재료로 구입하여 조리하고 서비스하는 모든 단계가 한 주방에서 이루어지고, 같은 공간 안에 홀hall이 있어서 수요자에게 제공되는 시스템을 말한다. 노동력이 풍부하고 인건비가 높지 않으며 소규모일 때 효율적으로 운영된다.

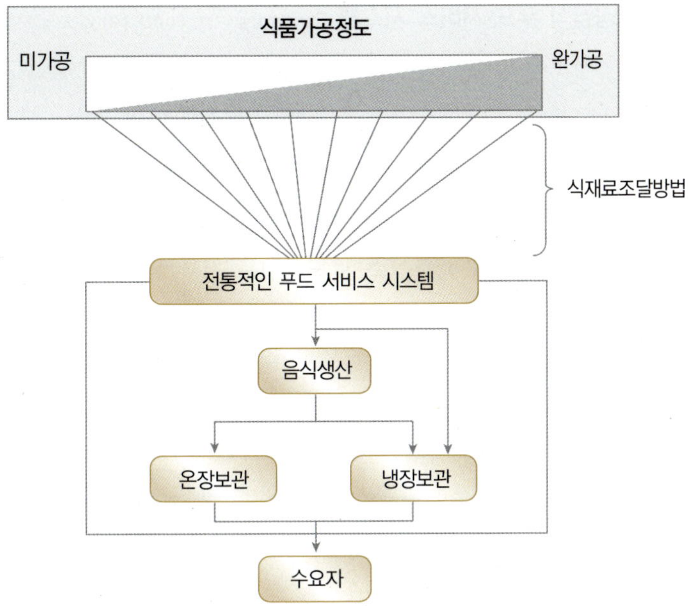

그림 2-3 | 전통적인 푸드 서비스 시스템의 음식생산과정

표 2-1 | 전통적인 푸드 서비스 시스템의 장점과 단점

장점	단점
배달비용 최소화	초기시설 투자비용이 큼
질적으로 우수	숙련되고 수준이 맞는 조리자가 장시간 필요
고객의 다양한 요구에 부응	인력비 높음
식재료의 변동에 따라 탄력적으로 변화가능	피크타임(peak-time)에 따른 작업의 불균형
음식의 품질 수준 조절 가능	작업자의 불만이 큼
저장공간이 상대적으로 적음	노동생산성이 상대적으로 낮음

Tip

피크타임(peak-time)

고객이 몰리는 시간대

(2) 중앙공급식 푸드 서비스 시스템 Commissary food service system

인접한 장소에서 소비되는 음식을 공동조리장central kitchen food factory에서 준비하여 각 위성주방satellite kitchen으로 운반, 수요자에게 공급하는 서비스 시스템이다.

이 푸드 서비스 시스템은 음식이 공동조리 장소에서 조리되어 위성주방으로 이동한 후 수요자에게 공급되므로 위험요인이 많이 증가한다. 이에 따라 테스트키친test kitchen을 꼭 설치하여 식품기술자나 미생물 전문가들이 특별히 음식품질관리를 하여야 한다.

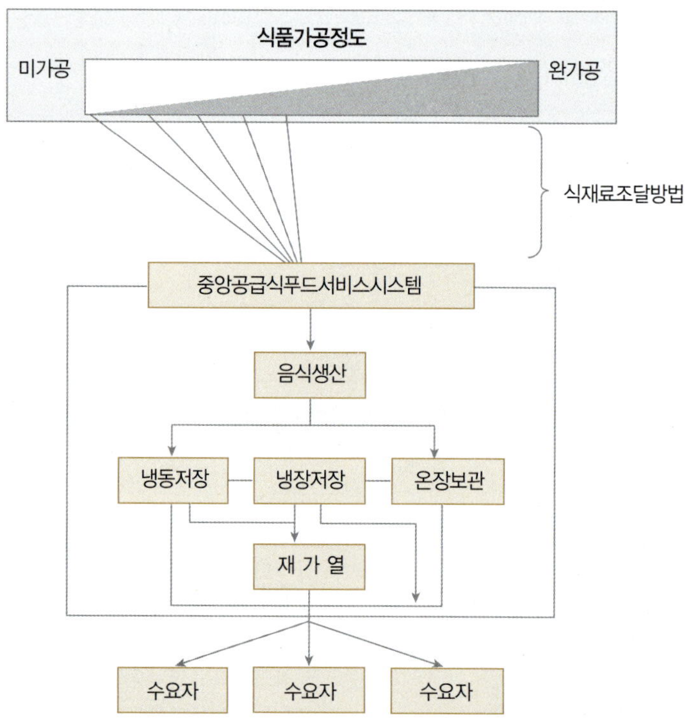

그림 2-4 | 중앙공급식 푸드 서비스 시스템의 음식생산과정

표 2-2 | 중앙 공급식 푸드 서비스 시스템의 장점과 단점

장점	단점
인건비 절감	테스트키친 필요
노동력 절감	해동, 재가열 등의 특별한 배식설비 필요
배식되는 공간의 시설투자비 및 공간 사용 최소화	운반장비 필요
음식의 질과 양의 표준화	안전성의 위험요인이 높아짐
관리 수월	공동조리장에 숙련되고 기술이 높은 인력 필요

Tip

테스트키친(test-kitchen)

숙련된 기술자와 질 좋은 기계로 제품개발과 평가를 위해 여러 가지 실험을 하여 위험요소를 제거하는 방법을 연구하는 장소

(3) 예비 저장식 푸드 서비스 시스템 Ready prepared food service system

음식을 생산한 후 공급하기 위하여 냉장 혹은 냉동으로 일단 저장하였다가 후에 필요한 상황과 장소에서 재조리하여 수요자에게 공급하는 서비스 시스템이다.

전통적 푸드 서비스 시스템에서 노동비와 노동력을 효과적으로 이용하기 위하여 개발된 시스템이다. 음식을 생산한 후 어떠한 저장방법을 쓰느냐에 따라 두 가지 종류로 나뉜다.

첫째는 음식을 생산한 후 냉장저장하는 냉장저장시스템cook-chill system, 둘째는 생산된 음식을 냉동저장하는 냉동저장시스템cook-freeze system이다.

최근에 많이 사용되고 있는 예비저장식 푸드 서비스 시스템의 냉장저장시스템과 냉동저장시스템은 수요자가 원할 때, 간단한 조리만으로 원하는 음식을 취할 수 있다는 것이 가장 큰 매력이라고 하겠다.

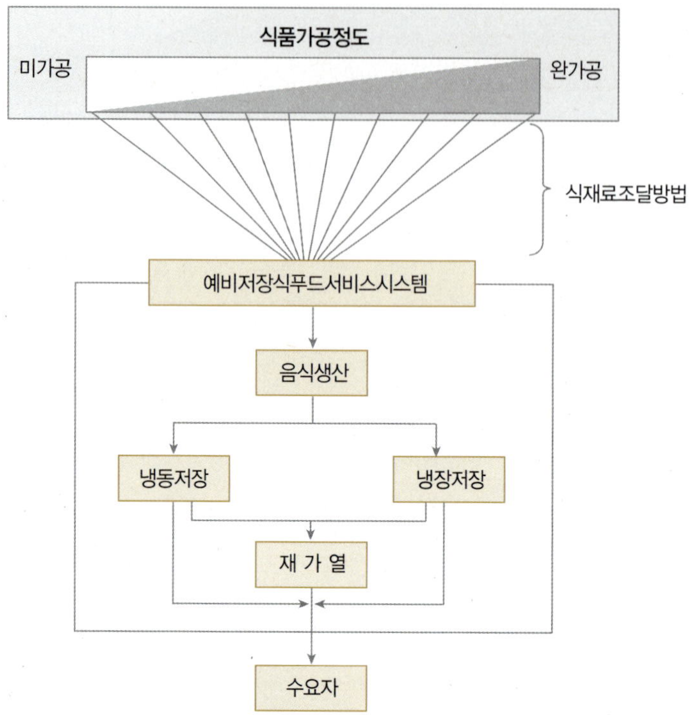

그림 2-5 | 예비저장식 푸드 서비스 시스템의 음식생산과정

표 2-3 | 예비저장식 푸드 서비스 시스템의 종류와 조건

장점	급속저장온도	보관기간
냉장저장시스템 (cook-chill system)	3	3days ~ 1week
냉동저장시스템 (cook-freeze system)	-18	2weeks ~ 3months

표 2-4 | 예비 저장식 푸드 서비스 시스템의 장점과 단점

장점	단점
피크타임(peak time) 없음	급속냉동, 냉장 위한 설비 설치와 운영기술의 필요
야간작업의 문제 해결	관련 부대시설 설치 요구됨
인건비 감소	대형사고의 위험성
식재료비를 낮춤	관능적 관점의 식품가공의 기술 필요
HACCP(위해요소중점관리기준) 도입 가능	미생물학적 관점의 연구 필요
음식의 질 향상	영양적 관점의 연구 필요
다양한 메뉴 제공 가능	

(4) 조립식 푸드 서비스 시스템 Assembly food service system

조리작업이 필요 없는 푸드 서비스 시스템으로 냉장, 냉동된 것 또는 완조리 제품을 구입하여 해동하거나 재가열 그리고 분량을 조정하고 배분하는 형태의 푸드 서비스 시스템이다.

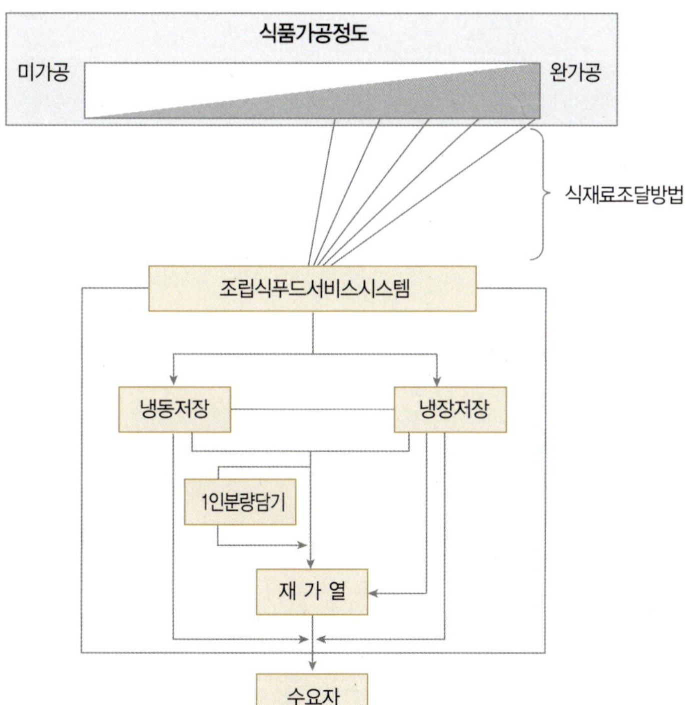

그림 2-6 | 조립식 푸드 서비스 시스템의 음식생산과정

표 2-5 | 조립식 푸드 서비스 시스템의 장점과 단점

장점	단점
노동력 절감 시간절약 시설, 설비의 최소화 관리비가 적다	식재료비 증가 유통의 한계 다양한 메뉴제공 제약 메뉴의 질의 한계성 기호만족도 낮음

조립식 푸드 서비스 시스템은 식품을 조리하는 것과 수요자에게 음식을 제공하는 과정을 완전히 분리하여 관리를 위해 필요한 노동력을 최소로 줄임으로써 노동비용을 절감하는 것이 가장 큰 목적이다.

3. 푸드 서비스 시스템의 단계

1) 운영 푸드 서비스 시스템

운영 푸드 서비스 시스템은 생산과 서비스, 즉 수요자에게 제공하는 것으로 크게 나누어 그 시스템을 이해할 수 있다. 운영 푸드 서비스 시스템은 최대 이윤 창출이 영업목표인 레스토랑, 카페 등에 적용하는 시스템으로 그 단계는 다음과 같다.

(1) 생산

❶ 조달 | 조달이라 함은 식재료의 조달부터, 주방에서 음식을 생산하기 위해 필요한 모든 재료의 조달을 의미한다. 이 중에는 원재료부터 완가공식품까지 여러 가지 형태의 재료가 있다. 조달은 크게 구매purchasing, 검수receiving 그리고 저장storing으로 구성된다.

1-1. 구매

메뉴의 특성에 따라, 장기간 혹은 단기간 아니면 매일매일 구매를 할 수 있다. 업장의 특성과 메뉴의 특성에 따라, 구매의 방법은 매우 다양하다. 또한 사회의 흐름을 파

악하여, 필요한 물품을 미리 구매하거나, 저장에 문제가 없다면 가격이 저렴할 때 다량 구매할 수 있다.

1-2. 검수

구매된 물품이 배달되면, 일일이 그 상태와 수량이 구매한 내용과 일치하는지, 물품은 좋은 상태인지 체크하고 점검하는 것을 검수라 한다. 검수는 매우 중요한 작업으로서, 검수를 잘하게 되면 예산의 낭비를 줄일 수 있고, 좋은 재료를 확보할 수 있다.

1-3. 저장

검수가 완료되면, 각 품목의 특성에 따라 저장을 한다. 저장을 할 때에는 입고된 날짜를 기록하는 것이 바람직하고, 너무 많은 양보다는 일정량을 분배하여 저장하는 것이 능률적이다. 구매 품목에 따라 저장장소를 결정하여 보관한다.

❷ 준비 | 영업장의 콘셉트, 운영형태, 영업목표 등에 따라 다른 준비형태가 필요하나 대체적으로 찬 음식, 더운 음식, 디저트, 음료류, 제빵류, 야채류 등으로 나누어 준비할 수 있다.

❸ 운반 | 운반은 준비와 마찬가지로 영업장의 상태에 따라 각각 다른 형태를 띠게 되고 복잡성이 달라진다. 운반을 하여야 할 경우 일반적으로 충전filling, 포장packing, 배달delivery의 3단계로 이루어진다.

3-1. 충전

운반되어야 할 식재료나 음식을 채우는 작업을 의미한다. 너무 많은 양을 채워 넣기보다는 적당한 포션을 나누어 넣는 것이 효율적이다.

3-2. 포장

포장을 함으로써, 음식을 미생물과 다른 오염물질, 그리고 공기의 산화로부터 어느 정도 보호가 가능하다. 따라서 포장을 할 때에는 오염되지 않도록 특별히 주의하고, 메뉴의 특성에 따라 올바른 포장법을 선택하도록 한다.

3-3. 배달

서비스가 이루어지는 장소까지 운반하는 것을 배달이라 하며, 메뉴의 특성에 따라 때로는 보냉으로 때로는 보온으로 배달하는 것이 좋다. 따라서 특별한 장비가 필요한 경우가 발생할 때가 많다.

(2) 서비스

운영 푸드 서비스 시스템의 생산과 균형을 이루는 다른 한 요소는 서비스이다. 서비스는 상품이 된 메뉴를 수요자에게 제공하는 것을 의미한다.

서비스는 검수receiving, 보관holding, 재생reproducing, 제공serving, 기물세척ware washing 그리고 요즘 무엇보다도 중요해진 쓰레기 처리waste disposal로 서비스 시스템을 구성한다.

❶ 검수 | 수납이라고도 하는 검수는 생산되어 제공된 것이 상품적으로 아무 문제가 없으며, 영양 · 위생적으로 문제가 되지 않는지 꼼꼼히 검사하는 것이다.

❷ 보관 | 냉장 · 냉동보관할 것을 따로 나누고, 원재료를 당장 사용할 것으로 나누고, 건어물이나 캔같이 오랜 기간 사용하나 냉장 · 냉동고에 보관하지 않아도 되는 것은 따로 마련된 통풍이 잘되고 햇빛이 들어오지 않는 건조한 환경의 보관장소에 보관하도록 한다.

❸ 재생/가열/재조리 | 고객에게 공급되기 전에 음식의 온도를 맞추는 일, 그리고 전처리로 완전히 조리되지 않은 상태라면 마지막 조리작업을 하는 일을 의미한다.

❹ 제공/서비스 | 고객에게 제공하고 제반 서비스를 행하는 단계이다. 제공하기 전, 음식이라는 상품이 최상의 조건인지 여러 가지 영향요인을 확인하고, 고객에게 제공하도록 한다. 영업장의 운영형태에 따라 서비스의 방법은 다양할 수 있으나, 늘 고객에게

만족을 주기 위하여 최선을 다하도록 한다.

❺ 기물세척 | 홀에서 들어온 기물은 그 재질별로 나누어 남아 있는 음식을 처리한 상태로 싱크대에 놓인다. 무게중심점이 서로 다른 식기들이 쌓여 있을 경우, 식기 내부의 균열을 야기하므로 되도록 분리하도록 노력한다. 또한 요리의 양념에 따라, 기름기가 있는 경우에는 따로 분리해 놓아야 세척 시 일이 간편해진다.

❻ 쓰레기 처리 | 최근 환경문제는 관심의 단계에서 생존의 단계로 진화되었다. 음식물쓰레기를 철저히 분류하여 건조시킨 후 처리하는 것이 가장 좋으며, 그렇지 못할 경우라도 음식물쓰레기는 철저히 분류하도록 노력한다. 흙이 묻어 있는 파뿌리, 양파뿌리, 껍질 등은 음식물 쓰레기에 넣지 말아야 하는데, 이는 흙 속의 이물질이 음식물쓰레기를 오염시킬 수 있기 때문이다. 잘 분리된 쓰레기는 영업장별로 지정된 장소에 배출하도록 하고, 영업장별로 영업장이 위치한 그 지역의 규칙대로 잘 따라주는 것이 중요하다.

❼ 기타 | 그 외 운영 푸드 서비스 시스템의 요소로는 인력보충, 교육훈련, 영양관리와 위생관리, 원가관리, 품질관리, 메뉴연구와 개발R&D, 마케팅 활동 등 다양하다.

2) 급식 푸드 서비스 시스템

(1) 구매관리

❶ 구매절차 | 구매의 시작에서 완료까지의 진행과정을 말한다.

1-1. 공급원 선정

구매의 필요성이 인지되면 누구에게 구매할 것인가를 결정한다. 그와 더불어 어떠한 방법으로 구매하게 될지, 전체적으로 혹은 단위적으로 결정하도록 한다.

1-2. 단가확인

어느 정도 구매할 품목과 구매대상자가 추려지면, 구매대상자들에게 단가를 요청한다. 혹시나 있을지 모를 가격의 차이를 줄이며, 제품의 품질을 확인해야 하기 때문이다. 당장 구매할 예정이 아니더라도 단가의 확인은 평소에 해두는 것이 좋은데, 최소 한 달에 1번, 가장 이상적인 것은 한 달에 2번 정도이다.

1-3. 발주

구매할 품목과 업자가 결정되면, 주문을 하게 되는데, 이를 발주라 한다. 발주는 정기적으로 적정량을 발주하는 정량발주와 때에 따라 필요와 자금사정에 의거한 비정량발주로 나누어 발주한다. 업체는 한곳만 거래하기보다는 너무 많지 않은 여러 곳에 하는 것이 좋다.

1-4. 납품서 확인

발주에 따라 품목이 올 때, 납품서가 함께 오게 되는데, 이때 발주한 내용과 납품서가 맞는지, 납품품목의 질이 틀리지 않는지 잘 대조하도록 한다.

1-5. 기록

모든 절차가 끝나면, 구매담당자는 구매업무에 관한 모든 기록과 자료를 보관하여, 다음번에 참고하고, 혹시 있을지 모를 여러 가지 불상사에 대비한다.

1-6. 수령과 검수

업자가 보낸 물품이 도착하면 수령하게 된다. 수령은 검수를 통과해야만 가능한데, 검수란 구매한 물품을 평가하고 품질을 확인하는 작업을 말한다. 검수를 할 때에는 위생적, 관능적, 기능적, 경제적, 그리고 사회심리적으로 문제가 없는지 꼼꼼히 검수하여 불량식품이나 불분명한 물품을 미연에 골라내 식중독을 방지한다.

표 2-6 | 검수평가의 기준

기준	내용
위생	영양, 보건, 청결, 인체무해
관능	색, 형태, 냄새, 촉감, 맛
기능	견고성, 성능과 효과, 사용 및 취급
경제	가격, 품질, 효용가치, 유지비 저렴
사회심리	신제품, 유행, 매력, 과시평가

검수가 통과되면 조리장으로 보내지는데, 만약 보내지는 구매품 중 하루 이상 저장이 되어야 하는 경우에는 태그tag를 붙여 저장에 문제가 없도록 한다.

표 2-7 | 식품 검수를 위한 감별사항

식품	종류	검수사항
쌀	백미, 현미, 찹쌀	벌레 먹은 쌀, 붉은 쌀 등이 있지 않고, 알맹이가 고르고, 광택이 있으며, 투명하고 경도가 높은 것
밀가루	박력분, 중력분, 강력분	덩어리가 없고, 이취가 없으며 순백색으로 광택이 있는 것
서류	감자, 고구마	벌레 먹지 않고, 흙이 묻어 있지 않고, 부패나 발아가 발생하지 않은 것으로 형태가 바르고 겉껍질이 깨끗한 것
콩류	검은콩, 대두, 강낭콩	색이 좋고, 알이 고르며 충해가 없는 것
깨류	들깨, 참깨	색이 좋고, 입자가 크고 바람에 날리지 않고, 껍질이 두껍지 않은 것
장류	된장, 간장, 고추장	특유의 냄새가 있고, 이취, 곰팡이가 없고, 윤기가 있는 것
알류	달걀, 메추리알	표면이 거칠고, 광택이 없는 것, 흔들면 소리가 없고 빛에 대어 보면 전부 환한 것, 수중에 넣었을 때 가로로 누워 있는 것, 소금물에는 밑에 가라앉는 것
버섯류	송이버섯, 표고버섯	봉오리가 적당하고 줄기가 단단한 것, 색이 너무 선명하지 않은 것
해조류	미역, 김, 다시마	건조상태가 좋고, 광택이 있고 표면에 구멍이 적고 얇지 않은 것
채소류	근채류, 당근, 무, 양파와 파, 오이	벌레 먹지 않고 반점이 없으며, 색과 향이 좋고, 모양이 반듯하며 크기가 적당한 것 당근은 심이 없는 것, 파는 흰 부분이 긴 것, 양파는 단단한 것, 오이는 가시가 있는 것
육류	우육, 돈육, 닭고기	색이 좋고, 이취가 없으며, 탄력이 있는 것 우육은 적색, 돈육은 선홍색
저장식품	병조림, 통조림	모양이 찌그러지지 않고, 뚜껑이 잘 닫혀 있고, 두드리면 맑은 소리가 나는 것
어패류	생선, 조개, 건어물	외형이 확실하고, 아가미는 선홍색, 눈이 싱싱하며, 이취가 없는 것, 조개는 입이 너무 열리거나 아예 열리지 않으면 죽은 것이다. 건어물은 이물질이 없고, 이취가 없는 것
우유류	우유, 버터, 치즈, 연유, 분유	개봉했을 때 이취가 없고 유백색을 띠는 것 버터는 담황색 치즈는 곰팡이가 없고 건조되지 않은 것 연유는 지방이 분리되지 않은 것 분유는 덩어리가 없고 침전물 부유물이 생기지 않은 것
기름류	식용유	무미 무취하고 점도가 낮고 투명한 것

1-7. 입고

구매가 다 이루어진 후, 문제가 없다면 입고된다. 창고, 냉장고, 냉동고 등에 들어가는 기준에 의거하여 분류되고 선입선출이나 후입선출의 원칙을 정하여 입고된다.

표 2-8 | 입고 방법

선입선출법(First In First Out : FIFO)	먼저 구입한 것을 앞쪽에 진열하여 먼저 사용할 수 있도록 하는 방법
후입선출법(Last In First Out : LIFO)	오랜 저장이 가능하거나 가격폭등이 예상되는 물품 등은 저장해 놓고, 필요한 것은 다시 구매하여 사용하는 방법

❷ 구매 시 고려사항 | 구매를 할 때 고려해야 하는 사항은 다음과 같다.

- 제철식품을 저렴한 가격에 구매해야 하고 저장창고의 조건에 맞추어 구입한다.
- 유통구조상 가장 저렴하게 살 수 있는 경로로 구입한다. 가격은 늘 시장의 변화사항에 따라 쉽게 변하기 때문에, 한 달에 2번 이상 가격을 늘 점검하도록 한다.
- 기존 재고량을 고려하여 구입한다.
- 조리과정 중 손실량, 폐기량 등을 고려하여 구입한다.
- 식단과 예상 수요자의 수를 고려하여 구입한다.
- 신선도가 잘 유지된 양질의 구매를 한다.
- 신상품을 파악하고 효용도를 잘 따져 구입하여 활용한다.
- 구매목적에 적합한지, 포장, 보존성, 기술, 원재료 등을 잘 파악하여 구매한다.

❸ 구매방법 | 구매방법은 계약방법에 따른 구매방법과 구매기간에 따른 구매방법 그리고 구매주체에 따른 구매방법으로 나뉜다.

3-1. 계약방법에 따른 방법

계약방법에 따른 구매방법에는 경쟁입찰계약에 따른 일반 경쟁입찰과 지명 경쟁입찰방법이 있고, 수의계약에는 복수견적과 단일견적이 있다.

계약이라 함은 사법상의 보호를 받는 것으로 2개 이상의 의사표시가 합의에 도달함을 목적으로 하는 행위이다. 이러한 계약은 입찰이 낙찰되어야 효력이 발생하는데, 서로의 계약조건에 중대한 하자가 발생할 경우에는 계약은 해지되기도 한다.

경쟁입찰계약은 입찰내용을 공고하여 입찰자를 모집하고 입찰자들의 경쟁에 의해 입찰가격이 낙찰되는 방법으로 공식적인 구매방법이다. 입찰 공고에는 입찰품명과 수량 등과 장소, 일시, 납품장소 및 시기, 계약조건, 입찰자의 입찰 자격요건, 보증금 등이 명시된다.

이 경쟁입찰계약의 계약절차는 일반적으로 '공고 → 입찰 → 개찰 → 업체조사 → 낙찰 → 계약체결' 의 순이며, 입찰자는 입찰서류와 보증금을 제출하게 된다.

수의계약은 경쟁 없이 선택된 업체와 계약하는 것을 말하며, 경쟁입찰방법의 장단점은 표 2-9 , 수의계약의 장단점은 표 2-10 과 같다.

표 2-9 | 경쟁입찰 방법의 장점과 단점

장점	단점
객관적 공정함 새로운 거래선 확보 가능	행정비용 소요 행정절차의 번거로움 장시간 요망

표 2-10 | 수의계약 방법의 장점과 단점

장점	단점
경제적 익숙하여 편안함	업체 간 담합 우려 불공정성 발생 우려

3-2. 구매기간에 따른 방법

구매기간에 따른 구매방법으로는 수시구매와 정기구매, 장기계약구매 그리고 일괄위탁구매가 있다.

수시구매란 구매가 필요할 때마다 수시로 구매하는 방법이며, 대체로 신선한 식재료, 즉 생선, 육류, 채소 등을 구입할 때 많이 사용된다.

정기구매란, 일정기간을 두고 정기적으로 구매하는 방법으로 그 소모가 일정한 품목을 구입할 때 많이 사용된다. 보통 쌀, 조미료 등의 구매방식이다.

장기계약구매란 장기계약을 체결하여 일정량의 식품을 납품받는 방법을 말하며, 계속적으로 대량 필요하게 되는 품목에 많이 사용된다.

일괄위탁구매란 전문가에게 모든 구매를 일괄하여 위탁구매하는 방법으로 일손이 줄고 전문성은 커지지만, 비용이 높아진다.

3-3. 구매주체에 따른 방법

구매주체에 따른 구매방법으로는 중앙구매와 비중앙구매 그리고 공동구매가 있다.

중앙구매란 구매부서가 독립적으로 존재하여 그곳에서만 구매를 담당하는 구매방법이다. 다른 부서에서 구매가 필요할 경우, 모두 구매부서에 요청하고, 그 구매의 종류에 따라 매일 또는 일정기간 단위로 구매부서는 구매를 시행한다.

비중앙구매는 중앙구매와 반대되는 개념으로 각각의 부서마다 필요한 식품을 알아서 구매하는 방식을 말한다. 그에 따라 구매절차가 약식이며, 긴급이 요할 때마다 바로바로 해결이 가능하다.

공동구매는 서로 다른 조직, 단체, 업장들이 모여 함께 구매하는 방법이다. 구매량이 많아지므로 원가가 절감된다. 최근 아파트 내 주민들이 김장철같이 많은 식재료를 필요로 할 시기 공동구매를 하는 경우가 많이 있다.

(2) 저장관리

저장관리란 검수 후 품목들을 사용하기 전까지 저장관리하는 과정을 말한다.

❶ 저장설비와 저장방법 | 저장설비의 종류로는 냉장고/실, 냉동고/실, 식품창고 등이 있다. 그중 식품창고는 보관해야 하는 품목에 따라 양곡창고, 채소창고, 조미료창고, 가공식품창고, 건어물창고, 비품과 세제, 기구와 식기창고 등 여러 가지로 구분이 가능하다. 영업장의 사정에 맞게 공간에 따라 창고는 만들어진다.

1-1. 식품창고와 저장방법

상온에서 저장 가능한 식품들을 보관한다. 직사광선을 피하고 통풍과 환기가 잘되며, 방습이 되는 장소가 좋다. 적정온도는 일반적으로 15~25℃이다.

미곡창고의 경우에는 특히 습기와 쥐, 기타 해충 및 환기에 유의하여야 한다.

자연환기의 경우, 겨울철에는 효과적이나 여름에는 환기량이 적어 효과가 좋지 않다. 기계를 이용할 경우에는 환기구를 바닥에서 30~50cm, 천장에 배기용 후드를 설치하여 사용한다.

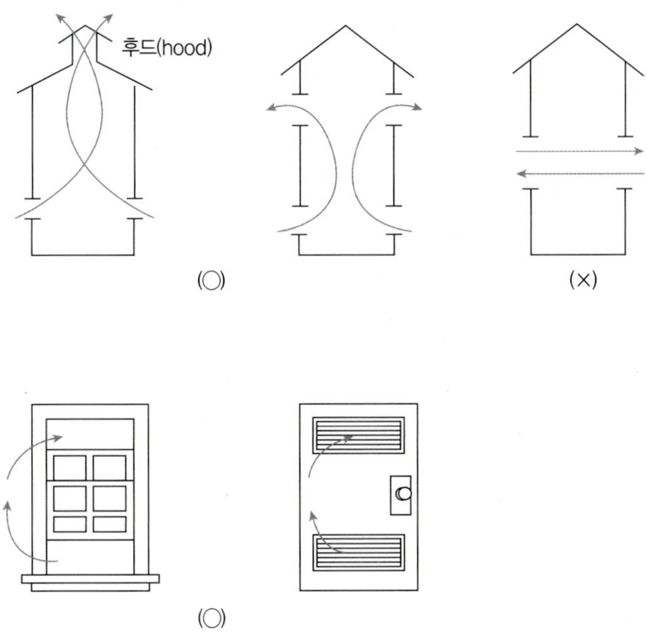

그림 2-7 | 식품창고의 환기방법

자료 김혜영, 최신단체급식

조미료나 건어물창고는 선반을 설치해 분류하여 저장하면 도움이 된다. 선반을 설치할 때에 선반의 폭은 60cm 이내가 사용하기 편리하며, 바닥과 벽으로부터 15cm 이상 공간을 두어 청소나 환기에 도움이 되도록 한다. 특별히 설탕, 소금같이 습기에 약한 것들은 되도록 위에 보관하도록 하고, 다른 무거운 것들은 아래쪽에 배치한다.

1-2. 냉장고(실)와 저장방법

상온에서는 품질저하가 쉽게 일어나고, 냉동저장이 적당하지 않은 식품류들을 저장한다. 일반적으로 0~10℃ 이하에서 저장해야 하는 경우에 사용된다.

냉장저장은 각 품목마다 냉장저장의 조건이 다르므로 이를 잘 파악하고 분류하여 저장하는 것이 좋다.

냉장실의 경우에는 한 개 이상의 온도계를 설치하여 하루에 2회 이상 점검, 내부온도를 유지하도록 하고 안전사고에 대비하여 창을 설치하거나 외부에 계기를 부착하여 온도를 확인하도록 하는 등 안전장치를 하도록 한다. 바닥의 경우에는 스테인리스, 알루미늄 바닥이 바람직하며, 배수구 처리가 되어 있어야 하고 배수구 쪽으로 기울기를 조절해 배수에 문제가 없도록 한다.

표 2-11 | 식품의 냉장 저장온도 및 저장 가능기간

식품명	온도(℃)	저장기간(일)
쇠고기	0~1	14~21
돼지고기	0~1	3~7
닭고기	0~1	5~7
고등어	0~1	3~5
우유	2~4	2~3
달걀	-1~0	5~6
양배추	0~2	3~4
무	7~10	6~8
토마토	4~10	7~10

1-3. 냉동고(실)와 저장방법

장기간의 저장을 요하는 식품에 많이 사용된다. 장기간의 저장을 위해서는 미생물 번식을 방지하여 품질의 저하를 최대한 막는 것이 가장 중요하다. 일반적으로 냉동고는 -5~-20℃ 정도이나, 냉동실의 경우에는 -18℃ 이하를 유지하는 것이 효율적이다.

냉동고는 정기적으로 성에 제거를 해야 정상적으로 온도관리가 된다. 냉동 중에는 탈수dehydration, 냉해freezer burn 등을 유의하여야 한다.

냉동식품의 제조 가공연월일 표시를 꼭 확인하여 착오가 없도록 하고, 포장용기가 파손되지 않았는지 꼼꼼히 살핀다. 어패류 등은 보관 전에 내장과 머리를 제거하여 보관하는 것이 좋고, 1인 분량으로 나누어 전처리 후 보관하면 사용하기에 간편하다.

표 2-12 | 식품의 냉동 저장온도 및 저장 가능기간

일(日)

분류	종류	온 도 (℃)		
		−12℃	−18℃	−20℃ 이상
어류	지방이 많은 것	4	6~8	10~12
	지방이 적은 것	6	10~12	14~16
	생새우	6	12	10~12
육류	쇠고기	6~8	16~18	18~24
야채류	아스파라거스	4~6	8~12	16~18
곡류	옥수수	4~6	8~10	12~14

자료 김혜영, 최신단체급식

Tip

냉해(freezer burn)

냉기로 인하여 식품에 변질이 일어나는 것

❷ 재고관리 | 재고관리란 물품의 수요가 발생하였을 때에 신속하고 경제적으로 대처할 수 있도록 재고를 파악하여 최적의 상태로 관리하는 것을 뜻한다.

재고관리의 의의는 다음과 같이 정리할 수 있다.

- 물품부족으로 인한 문제 미연방지
- 최저가격으로 필요한 물품을 미리 선점
- 도난, 부패 등의 손실의 최소화

재고관리는 계획적인 구매를 통하여 적정량만이 재고가 되고 필요 이상 구매하지 않도록 조절하여야 한다. 또 먼저 들어온 것을 먼저 쓸 수 있게 하여 너무 오랫동안 재고로 남는 품목이 없도록 신경 쓰는 것이 좋다.

재고관리를 효율적으로 하기 위하여 일반적으로 한 달에 한 번 재고회전율inventory turnover을 계산한다. 이는 현재 관리되는 재고가 얼마나 빈번히 주문되고 어떤 품목들이 어느 정도의 기간 동안 사용되는지를 확인하는 것이다.

재고회전율을 산출하는 방법은 재고회전율을 알아보고 싶은 달의 평균재고액을 계산하여, 같은 달의 식품비에서 나누어 보는 것이다. 그 공식은 아래와 같다.

$$\text{그달의 평균재고액} = \frac{(\text{초기 재고액} + \text{마감 재고액})}{2}$$

$$\text{그달의 재고 회전율} = \frac{\text{그달의 식품비}}{\text{그달의 평균재고액}}$$

(3) 생산관리

급식 푸드 서비스 시스템의 생산은 결국 대량생산을 기본으로 하고 있기 때문에, 각각의 예산 내 양적 · 질적의 만족과 급식서비스의 목적에 부합한 생산을 하도록 관리하는 데 그 의의가 있다.

❶ **생산계획** | 생산계획이란 단순히 조리 과정만을 계획하는 것이 아니라, 식단을 토대로 생산할 음식 및 생산량, 생산방법, 생산시기와 장소, 생산에 참여할 조리사 선정 등을 기록하고 실행에 옮기기 전 미리 그 결과를 예측하여 계획하는 일련의 과정을 말한다.

❷ **전처리작업** | 전처리란, 식품을 조리하고 먹기 쉽도록 여러 가지 물리적 조작을 가하는 과정으로 주로 조리 전에 행해지는 것을 말한다.

2-1. 계량

레시피를 통한 조리의 기본은 계량에 있다. 계량이 표준화되어 있어야 하고, 올바른 계량을 통해서만이 음식의 완성도를 높일 수 있다. 계량은 보통 무게 혹은 부피(용량)로 표현된다. 무게의 경우에는 저울을 사용하고, 부피의 경우에는 계량컵measuring cup과 계량스푼measuring spoon을 사용한다.

계량컵은 1C, 1/2C, 1/3C, 1/4C 4종류가 있고, 계량스푼은 1TSTable Spoon, 1tstea spoon, 1/2ts, 1/4ts 등이 있다.

외국의 경우, quart법을 사용하는 경우가 많지만, 한국은 meter법을 적용하여 한 컵은 물 200cc 용량, 13.5TS에 해당한다고 기준을 정해 놓고 있다.

계량을 할 때, 액체의 경우에는 투시가 가능한 재질로 된 계량컵이 좋다. 버터와 마가린 같은 고형지방일 경우에는 상온에 두어 고형의 형질을 부드럽게 한 후 계량하는 것이 좋다. 설탕의 경우, 눌러 담게 되면 설탕 표면에 시럽의 피막으로 인해 계량컵의 모양대로 남게 되는데, 그 정도로 눌러 담는 것이 올바른 방법이다. 밀가루의 경우에는 부피보다는 저울로 계량하는 것이 더 좋은 방법이며, 계량할 때에는 계량 전에 체로 쳐서 계량한다.

표 2-13 | 품목별 계량법

품목	계량법
액체	눈높이를 품목높이의 처진 밑부분에 맞춰 계량함
고형지방	계량컵에 눌러 담고 직선으로 된 도구를 이용하여 윗면을 수평하게 되도록 깎아 계량함
설탕	꾹꾹 눌러 담아 수평으로 깎아 계량함
밀가루 및 가루	수북이 담고 주걱으로 깎아 계량함

2-2. 세척

식품에 부착되어 있는 흙과 먼지, 미생물과 농약 등 유해물을 물로 씻어 제거하는 것을 말한다. 세척을 많이 하게 되면, 위생적이기는 하지만 영양성분의 손실이 우려되므로 품목마다 적당히 고려하여 세척하도록 한다. 농약이 의심되는 경우에는

0.15~0.25% 농도의 중성세제를 이용하여, 흐르는 물에서 3~4회 이상 세척하거나 100ppm 농도의 차아염소산나트륨 소독액으로 5분간 침지하여 소독한 후 흐르는 물이나 음용수에 여러 차례 세척하여 제거한다. 어패류의 경우에는 반드시 아가미와 내장을 제거한 후 세척하도록 하고, 세제를 사용하지 않아야 한다. 특히 어패류를 자른 후 세척하지 않도록 유의한다.

2-3. 담그기

담그기는 흡수와 팽윤, 냄새제거, 유독물질 배출, 소금기 배출, 변색방지, 조미료 침투 등의 목적으로 행하여진다.

흡수나 팽윤은 곡류에 주로 활용되며, 쌀의 경우 최저 30분 이상 담금만으로도 열전도율과 호화가 크게 향상된다. 콩은 10시간, 팥은 24시간 정도 담가두는 것이 바람직하다. 식품이 가지고 있는 아린맛, 쓴맛, 떫은맛 등을 제거하기 위하여 물이나 소금물 등에 담가 두기도 하고, 갈변으로 변색되는 것을 방지하기 위하여 사과를 깎은 후 설탕물이나 소금물에 담가 두기도 한다. 염장한 생선은 소금기를 배출하기 위하여, 불고기는 고기에 양념을 배게 하기 위하여 미리 담가 둔다.

2-4. 해동

냉동고나 냉동실에 동결되어 있는 품목을 동결 전의 상태로 돌려놓기 위한 전처리 작업을 말한다. 해동할 때에는 해동해야 하는 식품을 완전히 밀봉하여 해동하고, 흐르는 물에 놓아 해동하거나 냉장실에 넣어 해동하거나 상온에서 해동한다. 전자레인지로 해동하는 방법은 많이 이용되었던 방법이나, 해동 중 성분의 변형이 일어난다는 여러 보고로 인해 최근 되도록 사용을 금하고 있다. 한 번 해동한 식품을 다시 동결하는 것은 품질의 저하를 일으킨다.

2-5. 썰기

전처리 작업 중 가장 빈도가 높은 작업이며, 썰리는 모양에 따라 통썰기, 반달썰기, 은행잎 썰기 등 불리는 명명도 다양하다. 도마나 칼에 오염이 쉬우므로 특히 위생관리에 신경 써야 하는 작업이다.

썰기의 목적은 먹을 수 없는 부분의 제거, 썰기에 의한 열전도율 및 양념 침투의 향상, 모양으로 디자인적 요소를 부각시킬 수 있다는 것 등이다. 대표적인 썰기의 종류는 그림 2-8 을 참조하도록 한다.

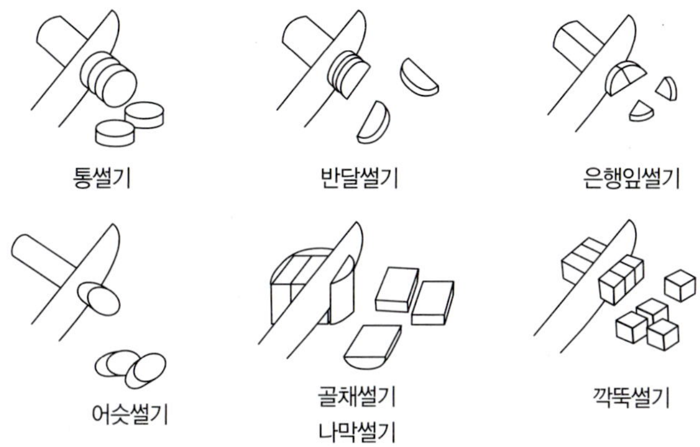

그림 2-8 | 썰기의 종류

2-6. 갈기

조직을 파괴하여 미세한 형태로 만들어 식품 중 효소의 활동을 좋게 만드는 작업으로서 대개 강판이나 믹서를 이용한다. 믹서의 경우, 영양소의 파괴가 심하기 때문에 영양소 보호작용이 가능한 믹서를 사용하는 것이 좋다. 특히 수용성 비타민류는 갈기에서 많이 파괴되는 것으로 알려져 있다.

2-7. 섞기

섞기는 식재료의 균질화, 열전도 및 조미료의 침투 용이, 거품이나 점탄성의 증가를 위하여 이용되는 작업이다.

식재료의 균질화는 고기완자를 만들거나 드레싱이나 마요네즈를 만들 때에 해당되며, 열전도를 고르게 하는 것은 팥으로 소를 만들 때, 조미료 침투의 용이는 조림이나 무침의 경우에, 거품을 내는 것은 머랭이나 과자를 만들 때, 점탄성의 증가는 떡이나 도넛을 만드는 경우 등이 해당된다.

2-8. 누르기

누르기는 고형물이나 액의 분리, 또는 조직의 분쇄를 목적으로 사용된다. 일반적으로 과즙을 얻고자 할 때이나 생선묵을 만들 때 많이 사용된다.

❸ 조리작업 | 조리는 열을 이용하여 식품에 물리적 · 화학적 조작을 가해, 위생상 안전하고 영양적인 면에서 흡수율이 높아지도록 만드는 과정을 의미한다.

이런 조리의 목적을 아래의 네 가지로 정리해 볼 수 있다.

첫 번째, 안전성 증가
두 번째, 소화성 증진
세 번째, 기호성 증가
네 번째, 저장성 증가

적당한 온도에서 가열하여 조리하게 되면, 미생물이 대부분 사멸되어 안전성이 증가한다.

또한 음식을 조리하게 되면, 식품의 구성성분들이 소화하기 용이한 형태로 변화되어 소화성이 증진된다. 이런 조리된 음식의 풍미와 외관은 음식의 기호성을 증진시키며, 조리과정 중 식품의 수분이나 효소 등이 불활성화되어 저장성도 증가한다.

조리의 매체로 쓰이는 것은 공기, 물과 액상물질, 수증기와 지방, 전력 등 여러 가지이며 각각의 매체에 따라 조리의 특성은 달라진다.

공기의 경우는 주로 오븐을 이용하는 방법이다. 물과 액상물질은 습열조리방식으로 끓이기, 삶기, 조림 등이다. 수증기는 찜통이나 압력솥, 지방의 경우에는 튀김, 전력으로는 전자레인지 등이 있다.

급식 푸드 서비스 시스템에서는 적어도 100명 이상을 대상으로 하는 경우가 많으므로 소량으로 조리할 때보다 음식의 질적 저하가 쉽게 발생하고, 식품의 배합비율이 달라지는 등 제약이 많이 따른다. 이를 잘 연구하여 조리할 수 있도록 철저한 준비와 계획이 필요하다.

3-1. 삶기

삶기는 끓는 물을 이용해 삶아서 그냥 제공하는 경우와 다음 단계로 가는 준비과정의 경우로 나누어 볼 수 있다.

삶기는 비린내나 쓴맛의 제거, 식품의 연화, 색의 유지, 단백질의 응고, 그리고 살균을 목적으로 할 때 이용된다.

채소의 녹색을 유지하기 위하여, 1% 소금물을 끓여 채소를 살짝 데치고, 다시 찬물에 헹구면 색이 유지된다. 살짝 데칠 때, 뚜껑은 반드시 열어두어야 유기산이 날아가 변색을 막는다. 단백질의 응고는 달걀이나 새우 등을 삶아 그냥 제공하거나, 다른 음식에 첨가하여 사용하는 경우를 말한다.

3-2. 끓이기

삶기와 비슷하지만, 식품을 끓인 국물을 사용한다는 점에서 다르다. 식품의 맛 성분을 우려내어 음식으로 활용하는 경우로, 주로 국이나 수프 등을 만들 때 사용된다.

3-3. 찌기

물이나 조미액의 수증기로 식품을 가열하여 조리하는 방법으로 영양소의 손실이 적고, 특히 수용성 비타민의 손실이 거의 없다. 식품의 특성에 따라 찌는 온도나 방법이 달라질 수 있고 주로 떡, 감자, 푸딩, 만두 등과 노화된 곡류를 호화시키는 과정에 많이 사용된다.

3-4. 굽기

식품에 열을 직화하거나 다른 금속판을 이용하여 조리할 수 있다. 고온에서 조리되는 경우가 많아 맛과 영양성분의 용출이 적은 편이다.

3-5. 조리기

식품을 조미된 액체류 안에서 맛이 들도록 오래 가열하여 조리하는 방법으로, 조미액이 식품에 잘 침투되도록 하며, 재료가 으스러지지 않도록 유의한다. 너무 오랜 시간 조리게 되면 맛이 저하되므로 유의한다.

3-6. 튀기기

다량 고온의 기름에서 단시간 내에 식품을 가열하여 조리하는 방법이다. 식품을 튀기게 되면, 수분은 식품 밖으로 나가고 그 자리에 대신 기름이 들어와 기름의 향미가 더하여져 맛과 열량이 향상된다. 튀기기는 가열시간이 짧아 영양소의 손실도 적은 편이다.

튀김을 할 때에는 맑은 식물성 기름을 사용하는 것이 좋고, 한 번 사용한 기름은 사용하지 않도록 하여야 한다. 또한 기름이 산패되지 않도록 서늘하고 그늘지고 공기가 통하지 않는 곳에 보관하도록 한다.

3-7. 볶기

소량의 기름을 이용하여 가열된 기물에다 식품을 조리하는 방법이다. 식품을 볶음으로써 기름의 향미가 가해지고 작업이 단시간 이루어지므로 식품의 영양적 손실과 색의 손실이 최소화된다.

3-8. 무치기

여러 가지 식재료를 소스나 조미료에 버무리는 방법을 말한다. 소스나 조미료의 종류와 양에 따라 그 맛은 같은 식재료라도 천차만별이다.

3-9. 부치기

열이 오른 팬에 기름을 둘러 약한불에서 은근히 가열조리하는 방법을 말하며, 전이나 달걀부침 등에 주로 이용된다. 색과 풍미가 뛰어나지만, 손이 많이 가는 음식이다.

3-10. 냉각

냉각은 조리 후 행하는 후처리 작업이다. 열로 인한 영양소, 풍미, 색 등의 파괴를 차단시키는 역할을 하고 저장시간을 연장시킨다.

(4) 운반과 배식관리

운반과 배식을 관리하기 위한 기본원칙은 아래와 같다.

- 준비된 음식이 다른 요소들과 조화를 이루고 수요자가 심미적으로 만족해야 한다.
- 준비된 음식은 적온으로 보존되어 공급되어야 한다.
- 준비된 음식은 위생적으로 문제가 없어야 한다.

운반관리와 배식관리는 급식 푸드 서비스 시스템에서 급식제도의 유형, 급식소의 운영형태, 급식시설의 배치와 규모 등에 따라 큰 영향을 받는다.

운반과 배식을 잘 관리하여, 에너지를 절약할 수 있고, 노동자의 노동시간과 인건비를 절감할 수 있다면 가장 이상적이다. 따라서 운반과 배식에 관련된 동선에 대한 연구, 작업시간과 작업자의 작업내용에 대한 연구가 반드시 선행되어야 한다.

❶ 배식의 형태 | 배식의 기본형태는 셀프서비스self service, 쟁반서비스tray service, 종업원에 의한 서비스waiter, waitress service, 테이크아웃서비스take-out service 그리고 배달서비스delivery service로 나뉜다.

1-1. 셀프서비스 Self service

수요자가 배식과 반납을 모두 행하는 형태를 말한다. 셀프서비스는 고객이 본인의 기호에 맞는 다양한 음식을 선택하고 그 음식에 대해서만 가격을 지불하는 형태인 카페테리아cafeteria와 정해진 가격에 진열된 음식을 양이나 횟수 제한 없이 먹을 수 있는 뷔페 서비스buffet service, 자동판매기를 통한 자동판매기 서비스vending machine service 그리고 차량에서 내리지 않고 그대로 특별히 고안된 통로를 따라 들어가 음식을 주문하고 카운터에 다다를 즈음에 주문한 음식이 포장된 채로 제공되는 드라이브픽업Drive-Through Pick-up 등으로 나뉜다. 드라이브픽업은 차 안에서 식사를 원하는 고객을 위해 식사를 할 수 있는 주차공간이 제공되기도 한다.

1-2. 쟁반서비스 Tray service

음식이 쟁반tray 위에 조합되어 수요자에게 운반되는 형태를 말한다. 주로 병원이나 양로원과 같은 사회복지시설에서 행해진다. 또한 기내식도 이와 같은 형태이다.

기내식의 경우, 비행거리와 비례하여 식사시간이 결정되며, 승무원이 음식을 배합하고 음식에 따라 차갑게 혹은 뜨겁게 준비되어 고객에게 전해지게 된다.

1-3. 종업원에 의한 서비스 Waiter, Waitress service

종업원에 의한 서비스는 카운터서비스counter service, 테이블서비스table service 그리고 드라이브인 서비스drive-in service로 나뉜다.

카운터서비스는 카운터를 중심으로 종업원에 의해 음식이 서비스되는 형태로, 대표적인 것으로는 회전초밥집의 서비스가 있다. 또한 테이블서비스는 일반 레스토랑에서 가장 많이 이루어지는 형태로 고객은 테이블에 앉아 있고, 모든 서비스는 종업원에 의하여 이루어지는 가장 일반적인 서비스 형태를 말한다. 마지막으로 드라이브인 서비스는 식당으로 차를 몰고 들어가 주차장 내에서 주문하고, 주문한 고객들에게 종업원이 배식을 해주는 서비스 형태이다.

1-4. 테이크아웃서비스 Take-out Service

음식을 주문하고 포장해 갈 수 있도록 해주는 서비스를 말한다. 사회의 산업화 · 현대화에 따라 서비스가 증가하고 있다. 테이크아웃서비스로 제공된 음식은 그대로 섭취하기도 하고, 다시 집안에 재세팅되어 가족에게 제공되기도 한다.

1-5. 배달서비스 Delivery Service

배달서비스는 크게 오프프래미시스딜리버리Off-Premises Delivery와 온프래미시스딜리버리On-Premises Delivery로 나뉜다. 오프프래미시스딜리버리는 입원을 요하지는 않지만, 고령이거나 만성질환으로 외출이 불가능할 때, 식사를 직접 배달해 주는 서비스 형태이다. 이 형태는 인접한 식당이 없어 곤란을 겪는 근로자들을 위해 제공되기도 한다. 온프래미시스딜리버리는 작업장의 근로자에게 음식을 운반 배달하는 서비스이다. 짧은 식사시간 동안 이동이 힘들거나 식사시간의 절약을 위하여 많이 이용되는 방법이다.

이렇게 배달서비스를 시행할 때에는 음식의 온도를 지킬 수 있는, 위생적으로 안전한 배달기구들이 특별히 요구된다.

4. 메뉴와 기물

1) 기물의 이해

기물에 대한 올바른 이해는 메뉴개발과 계획에 있어 매우 중요한 요소이다. 기물을 잘 이용함으로써 더 만족스런 메뉴가 탄생될 수 있으며, 결국 영업목표에도 긍정적으로 작용할 수 있기 때문이다.

(1) 기물의 분류와 종류

기물을 분류할 때에는 기준이 무엇이냐에 따라 여러 가지 분류가 가능하다. 그중에서 가장 흔하게 사용하는 분류기준은 재질, 형태 그리고 용도이다. 이 중 용도를 기준으로 하여 기물을 분류하면 **표 2-14** 와 같다.

크게 홀hall을 중심으로 사용되는 홀 기물과 주방에서 주로 이용되는 주방 기물, 그리고 그 외 기물을 기타로 크게 분류하고, 다시 홀 기물을 음식을 담아 먹는 식기류와 먹는 도구인 커트러리cutlery, 컵과 같은 글라스웨어glassware 그리고 간접적인 역할을 담당하는 테이블웨어tablewares로 나눌 수 있다. 주방기물의 경우, 소기물utensil과 크고 이동이 힘든 고정기물equipment로 나눌 수 있다. 그 외에는 이동을 위한 여러 가지 이동기물과 뷔페에 많이 쓰이는 서빙기물로 나누어 분류할 수 있다.

표 2-14 | 기물의 분류

기물(+기기)	홀(Hall)	차이나웨어(chinaware), 플랫웨어(flatware) 등
	주방(Kitchen)	소기물(utensil), 고정기물(equipment) 등
	기타	이동기물(dolly & cartware), 서빙기물(servingware) 등

기 준: 용도

❶ 홀 기물 | 홀 기물에는 메뉴를 담는 식기류와 음식을 먹게 도와주는 플랫웨어flatware, 물이나 음료, 알코올을 담는 글라스웨어glassware, 그리고 간접적으로 린넨류와 액세서리 등이다. 즉 홀 기물이란 결국, 홀에서 고객들이 음식을 먹을 때 개인적으로 사용하게

되는 것들을 의미한다 표 2-15.

표 2-15 | 대표적인 홀 기물의 종류

대분류	소분류	명칭	내용
홀 기물	차이나웨어(chinaware)	under plate	기준점, 디자인포인트 등
		dinner plate	메인디쉬
		soup dish	수프
		bouillon cup and saucer	부이용
		cereal bowl	시리얼
		demitasse cup and saucer	에스프레소
		tea cup and saucer	차
	글라스웨어(glassware)	goblet	300ml
		red wine glass	레드와인, 180ml~
		white wine glass	화이트와인, 150ml~
		tumbler glass	200ml~
		shot glass	술, 원액, 30ml
		decanter	침전물 제거
		salad bowl	샐러드나 야채
	플랫웨어(flatware)	table spoon	테이블스푼
		dessert spoon	디저트
		melon spoon	멜론
		table knife	테이블나이프
		fish knife	생선용나이프
		steak knife	스테이크용 나이프
		table fork	테이블포크
		fish fork	생선요리
		snail fork	달팽이요리

❷ 주방 기물 | 일반적으로 크기가 작고 가벼워 선반에 놓거나 수납장에 보관이 가능한 소기물utensil과, 크기가 크고 무거워 일정 위치에 설치하는 고정기물equipment로 나눌 수 있다.

주방설비로는 크게 레인지, 오븐, 증기솥, 브로일러, 프라이팬, 스팀용기 등과 같은 주요 조리기기와 믹서, 슬라이서, 분쇄기, 블렌더blender, 필러peeler, 세척기 등의 보조기기로 나눌 수 있다.

2-1. 소기물 Utensil

이동이 용이하고 일반적으로 크기가 작은 기물을 유텐실Utensil, 즉 소기물이라 한다. 주방에서 이용하는 크기가 작은 기물이라 생각하면 된다. 이 기물들은 조리를 할 때 쓰이는 작은 기물부터 음식을 먹을 때 보조 역할을 담당하는 기물 또는 완성된 음식을 서비스하거나 음식을 먹은 후 정리할 때 사용되는 서비스 기물 등으로 나누어 볼 수 있는데, 주방에서 사용하는 것이 가장 많다.

표 2-16 | 소기물(Utensil)의 종류

명칭	내용
skimming ladle	구멍난 국자, 주방기구
frying ladle	기름에 튀길 때 건져내는 국자 줄망
kitchen ladle	사이즈 다양 1L까지
sauce ladel	소스국자
lifter	뒤집개
pancake turner	팬케이크용 뒤집개
cake turner	팬케이크보다 짧음 5cm 정도
basting spoon solid	큰 조리용 스푼
basting spoon perforated	구멍 난 큰 조리용 스푼
spatular	주걱
cleaning spatular	반달모양의 정리용 주걱
cake spatualar	케이크용 주걱
apple corer	씨 빼는 용도의 기물
potato peeler	껍질 제거용
lemon grater	제스터
egg slicer	삶은 계란을 슬라이스할 때 사용
sauce pan	소스팬
fry pan	프라이팬
fry pan omelette	오믈렛용 프라이팬

crepes suzette pan	크레페 수제트팬
flaming pan oval	오발형 프라이팬
chinese fry pan	중화요리용 프라이팬
sugar pot	설탕 녹이는 것
dipper ladel	깊은 냄비
sharpening steel	칼 균형 맞추는 것
cook knife	조리용 나이프
fruit knife	과일용 나이프
carving knife	카빙 나이프
slicer	회뜨기용 나이프
butcher knife	육류 부위별 분류용 나이프
baking sheet	제빵, 제과용 팬
ravioli board	초콜릿 모양
pie pan	파이용 팬
pizza plate	피자용 플레이트
chocolate & sugar decorating tools	초코릿, 설탕공예 데커레이션 도구
confectionery funnel	짤 주머니
sugar powder holder	슈가파우더 보관용 통
dough roller	자르는 거 동그란 거
pizza whell	피자 자르는 휠모양 커터
decorating nozzles	데커레이션용 노즐들
icing set	아이싱용 세트
shaped cutter	제과용 모양틀
cutting board	도마
scale	저울
poultry scissor	가금류를 잘게 자름
onion cutter	양파 자르개
vegetable cutter	야채 자르개
malt mixer & juice dispenser	믹서
utility tong & pom tong	집게
perforated ladle	작고 동그란 구멍이 난 긴 스푼
heavy duty tong	무거운 것을 들어올리는 집게
meat skewer	꼬치요리에 이용

flaming pan	알코올성 음료향을 음식에 더할 때 사용
spatula	무겁고 큰 음식을 뒤집을 때 이용
skimming ladle	국물 속 고체성분을 건져냄
lifter	가벼운 음식을 뒤집을 때 이용
vegetable straineer/ vegetable colander	물로 씻은 후, 물기제거에 이용
egg cup/egg stand	에그스탠드
dough scraper	반죽을 긁어내는 긁개
utility pan	음식물을 냉장고에 보관할 때 이용(소량)
wire whiper/whisk	거품을 낼 때 이용
wire grate	기름이나 물이 빠지게 만든 철망
bain-marie pot	중탕에 이용
saute pan	음식 소량을 볶을 때 이용
stock pot	육수(stock)를 끓일 때 이용
boiling pan	음식을 끓일 때 이용
omelet pan	오믈렛을 만들 때 이용 (작음)
stew pan	스튜를 만들 때 이용
sauce pan	소스를 만들 때 이용/ 음식을 끓일 때 이용
bake pan	식재료를 구울 때 이용/ 로스팅시도 이용
roasting pan	육류덩어리를 굽는 데 이용
flour scoop	밀가루를 퍼담을 때 이용
egg slicer	삶은 계란을 슬라이스할 때 이용
measure	계량에 이용
grater	치즈나 야채를 갈 때 이용되는 강판
funnel	깔때기
sauce sieve/ china cap	소스나 수프 등의 액체를 거르는 데 이용

2-2. 고정기물 Equipment

고정되는 주방 설비와 기물은 주문제작하는 형태와 기성품을 구입하는 형태로 나뉜다. 기성품의 경우에는 저렴한 가격이 가장 큰 장점이며, 특수 주문한 경우에는 가격은 기성품에 비하여 상당히 비싸지만 각 주방과 메뉴에 맞게 사용할 수 있으므로 편리하고 좀더 높은 품질의 상품을 고객에게 제공할 수 있는 장점이 있다.

이런 고정기물을 선택하기 전 일반적인 고려사항은 다음과 같다.

- 정해진 메뉴를 만들기 위한 작업 적합성
- 작업의 질이 개선될 가능성
- 비용 절감 가능성
- 높은 활용도
- 예산
- 향후 트렌드 예측
- 가격대비 품질
- 설치비용유무와 정도
- A/S 시스템과 기간

표 2-17 | 고정기물(equipment)의 종류

명칭	내용
open top range	오픈탑레인지
deep fryer	딥프라이어
open broiler	오픈브로일러
salamander	샐러맨더
convection oven	컨벤션오븐
large convection oven	대형 콘벡션오븐
deck oven	데크오븐
conditioner	컨디셔너
frozen food storage	냉동실
conveyor dish washer	컨베어벨트를 이용한 식기세척기
movable work table	이동작업대
work table/ work cabinet	캐비닛 부착작업대
sink table	세정대
vertical cutter/mixer	많은 양의 식품을 자름과 동시에 혼합하는 데 이용
vegetable cubic cutter	야채 사각 절단기
dish washer	식기세정기
waste equipment	잔반처리기
soiled dish table	잔반처리대

potato peeler	감자탈피기
over cabinet	높은 선반
shelf/rack	선반
meat bolck	목재도마
ice cream machine	소프트아이스크림제조기
milk shake	밀크셰이크기
paster machine	국수기계
steam oven	스팀오븐
fresh oven & proofer	발효기 겸용 프레시 오븐
clean dish table	건조대
pre-fab refrigerator & freezer	조립식 냉동, 냉장고
ice cube maker	얼음제조기
ice cream stocker	아이스크림 보관소
bottle cooler	병 냉장고
tan case	일본식, 생선회, 탠(tan)을 해놓음
show case	진열대
cold table	보냉 테이블
electric deck oven	전기 오븐
pie roller	파이 밀개
fresh proofer	발효기
chopper	다지기
halo-heat oven	후광열 오븐
steam soup kettle	스팀국솥
tilting skillet/ tiling braising pan	다용도 조리기
steamer	많은 양의 음식을 삶기 위하여 이용 야채나 닭고기, 해산물 등을 증기로 찜
steam table	조리된 음식의 보온유지에 이용
salamander	열을 방사하여 음식의 색을 내거나 생선이나 작은 음식을 익힐 때
micro-wave oven	전자레인지
meat slicer	초고속 자동 육절기
gas noodle kettle	가스국수 솥
griddle	부침철판
packing machine / packing vacuum	진공 포장기
pizza oven	피자오븐

auto matic conveyor fryer	많은 양의 음식을 계속적으로 튀기게 되는 주방에서 이용
waffle baker	와플기
toaster	토스터기
rotary toaster	자동으로 돌아가며 토스터를 만듦
sterilizer	소독 보관고, 열탕 소독기
sediment mixer	앙금믹서
dough-nut fryer & proofer	발효기 겸용 도넛튀김기
espresso coffee machine	에스프레소 커피머신
walk-in freezer & refrigerator	작업자가 들어갈 수 있는 냉장, 냉동하는 것
reach- in freezer & refrigerator	냉동, 냉장고
cart-in reezer & refrigerator	운반차에 음식을 싣고 냉장 및 냉동하는 기계
gas rice - cooker	가스밥솥
rice cooker	취반기
rice washer	세미기
chinese range	중화 레인지
meat saw	골절기

❸ 기타 기물 | 홀과 주방에서 주로 사용되는 기물 이외에 주방 안에서 혹은 주방에서 외부로 음식을 이동시키거나, 재료들을 이동시키기 위하여 쓰이는 기물인 이동기물 dolly & cartware류와, 고객에게 서빙할 때에 쓰이는 서빙기물, 뷔페같이 다수의 고객에게 동시다발적으로 음식을 제공하는 경우 또는 각 개인이 아니라 함께한 고객들이 같이 사용하게 되는 공동기물 등이 그 외의 기물에 속한다 표 2-18.

표 2-18 | 서빙기물, 공동기물과 이동기물의 종류

명칭		내용
서빙기물 공동기물	carving knife & fork	자르는 용도, 30~36cm
	sandwich server	개인접시로 옮기는 용도
	cake server	개인접시로 옮기는 용도
	sugar tong & ice tong	각설탕, 얼음을 옮기는 용도. 감자, 빵 등에도 이용

서빙기물 공동기물	butter sprader	버터를 펴 바르는 용도, 12~14cm
	sashimi morikomi	일식용 생선회 담는 그릇
	gravy boat	소스
	compote	음식제공, 20cm 전후, 굽 있음
	sugar bowl & creamer	설탕과 크림
	pepper mill / shaker & salt shaker	소금과 후추 가는 형, 뿌리는 형
	water pitcher	물
	tea pot	홍차주전자
	coffee pot	커피주전자
	kanbin	오차(일본식차)주전자
	buffet platter, tray round stand, tray square stand,	쟁반류들
	warmer	음식 온도유지, 여러 가지 사이즈
	cake stand	굽이 있는 케이크 받침대
	dish warmer	다량의 접시를 따뜻하게 보관하기 위해 이용
	waiter' s corkscrew	웨이터들이 주머니에 넣고 다니면서, 코르크마개나 병을 따기 위한 기물
	ice cream scoop	아이스크림을 떠 담을 때 이용
	plate stand/ tray stand	쟁반을 받치기 위한 받침대
	serving tray	많은 양의 음식을 담기 위한 쟁반
	chafing dish	카페테리아나 뷔페에서 많은 양의 음식을 장시간 보온하기 위하여 사용되며, 그릇 밑에는 가스, 전기, 또는 고체연료를 이용하여 가열, 용기의 열을 유지시킨다.
	chafing dish cover	음식제공, 여러 가지 형태, 보온, 보냉
	serving platter	주방에서 조리된 3~4인분의 음식을 웨이터가 고객에게 1인분씩 제공하는 데 이용
	plate cover/food cover	음식물이 담긴 접시에 이물질이 들어가거나 식지 않도록 씌우는 덮개
	spaghetti tong	스파게티 국수를 집기 위한 집게
	soup ladel	수프 통에 담긴 4~5인분의 수프나 국을 1인분씩 나누는 서비스에 사용하는 국자
	tureen	액체 형태의 음식 제공, 3L 내외

이동기물	rice-soup cart	많은 양의 밥이나 수프를 담아 서빙에 편리한 곳으로 이동시키는 장비로서 주방과 식당이 먼 거리에 위치해 있는 경우에 해당됨
	glass rack dolley	유리잔을 rack에 담은 채로 옮기는 운반차
	tray rack cart	시트팬을 끼워 음식이나 물품을 이동시킬 때 이용
	cold food troley	차가운 음식을 보관하거나 이동 시 사용
	service wagon	완성된 많은 수의 음식을 동시에 서빙할 때 사용되는 기물로서 이동 시 유의
	room service trolley	주방에서 만들어진 음식을 객실까지 운반하는 경우에 이용하며 음식물은 덮개로 덮는다
	dish cart	많은 양의 접시를 옮길 때 사용함
	baggage cart	수하물 취급에 사용하며, 무거운 기물이나 많은 양의 식재료를 옮길 때 사용
	trat cart	카페테리아나 패스트푸드점에서 많은 양의 쟁반을 이동시킬 때 사용함
	soiled cart	자유롭게 이동이 가능한 용기로서 필요에 따라 편리하게 이용함

(2) 메뉴와 기물의 관계

메뉴를 고객에게 제공하기 위하여 필요한 여러 가지 요소 가운데 올바른 기물의 선택과 계획은 매우 중요한 요소 중의 하나이다.

기물의 올바른 선택과 배치는 결국, 조리과정을 원활하게 하고 시간을 절약하며, 종사원들의 에너지를 절약시키는 등 여러 가지 긍정적인 효과를 가져온다. 조리과정이 원활히 이루어져 시간이 최소화된 메뉴는 고객에게 매력적인 상품을 제공하게 될 더 많은 가능성을 내포한다. 결국 여러 면에서 원가를 절감시키는 역할을 하게 되고, 원가가 절감된다는 것은 결국 이윤극대화에 긍정적인 영향을 미친다.

기물의 가치는 그 기물이 그 영업장의 메뉴를 구현하는 데 어느 정도 필요한가에 대한 정도가치와 메뉴를 구현해내는 기능의 만족도, 그리고 그 기물의 메뉴완성도 수행능력에 달려 있다. 즉 메뉴의 분량, 메뉴의 수요량, 다루는 사람의 기술정도와 작업자의 수 등이 구체적으로 기물의 가치를 좌우하는 요소가 된다는 것이다. 물론 주변에 함께 활용 가능한 시설물이나 설계 등에 의해서도 영향을 받는다.

기물의 선택이나 배치 등은 영업장의 오픈을 위한 준비과정 중 초기에 인테리어와 같이 결정되어 진행되는 경우가 흔하다. 이러한 경우에서는 대체로 메뉴는 후에 주방장에 의해 따로 개발되거나 계획되는 경우가 발생한다. 이렇게 일이 진행되면, 상당 퍼

센트는 문제가 발생하게 된다. 발생 가능한 문제로는 작업동선이 맞지 않아 작업자들의 에너지와 시간이 낭비되어 원가와 회전율에 영향을 미치거나, 조리작업의 흐름에 맞지 않아 작업 중 단절이나 정체가 생기거나, 일정 기물에 과다하게 일이 편중되어 그 기능이 단기간 내에 이상이 생겨 예상외의 거액이 다시 들어가야 한다거나, 기물의 역할이 모호하여, 제대로 역할을 해내지 못하고 짐짝 취급을 받는다거나 하는 경우이다. 이러한 경우가 생각보다 현장에서는 흔하게 발생되고 있다.

때때로 현장에서 자주 발생하는 상황은 필요보다 더 많은 기물이나 기기를 구입하는 경우이다. 즉 기물이나 설비가 분별없이 지나치게 많은 것은 결국 예산의 낭비이며, 또한 원가의 상승을 가져온다. 따라서 메뉴를 통한 기물이나 설비의 계획이 매우 중요하다. 또한 무분별하게 수입품이나 브랜드만을 고집하는 것도 현명한 방법은 아니다. 수입품의 경우 A/S가 쉽지 않을 수 있으며, 부품을 구하는 일이 오랜 시간을 요구하거나 불가능한 경우가 빈번하다. 메뉴의 성격과 특징을 잘 파악하고 그에 맞게 기성품, 주문품, 수입품, 브랜드 그리고 국산 제품 등을 골고루 적합한 포지션에 배치하는 것이 가장 좋은 방법이다.

결국 경쟁력 있는 메뉴, 업장과 작업자 그리고 목표고객에게 매력적인 메뉴를 제공하기 위해서는 기물에 대한 충분한 이해와 지식이 선행되는 것이 좋다.

한 번 설치가 끝난 기물은 재배치를 하거나, 증설 혹은 폐기시키는 데 큰 어려움이 따르기 때문에, 처음 설치할 시점에 정확한 계획에 의해 이루어져야 하는 것이 올바른 선택이다. 기물의 기능과 성능 각각의 특성을 파악하고, 그에 맞는 메뉴를 개발하는 것은 궁극적으로 업장의 전체 이윤에 직접적이고 필연적인 운명을 좌우한다.

2) 기물의 배치와 작업동선

기물의 배치는 영업장의 다른 어느 곳보다도 주방이 가장 중요하다. 주방 배치에 따라서 작업의 동선은 영향을 받는데, 주로 주방의 배치와 작업동선은 기능적으로 크게 세 가지로 나누어 이야기한다. 그 첫 번째는 작업 중심점이고, 두 번째는 단위주방, 그리고 세 번째는 그 단위주방들의 집합체이다. 이 순서에 따라 기물의 배치 순서가 정해지는 경우가 많다. 즉 기물의 배치는 첫 번째로 작업 중심 공간의 배치가 계획되고, 그 후에 단위주방의 배치가 이루어지며, 그 단위주방의 배치가 합쳐져 결국 전체 주방의 배치를 이루게 된다. 여기서 작업 중심점이라는 의미는 주방설비배치의 가장 작은 기본단위로서, 작업자가 구심점으로 삼고 작업을 펴 나가는 중심점을 말한다. 보통 작업을 할 때, 작업이 원활하게 이루어지며 작업자의 특정한 신체 부위에 무리가 가거나 고통을 수반하지 않는 것을 기본으로 한다. 서서 일할 때에는 어느 정도 팔의 근육과 등위쪽 근육운동이 수반되기 때문에 부적합한 작업대의 높이는 신체에 피로감을 가중시킨다.

한 주방에서 작업 중심지가 여러 부분으로 분산되는 경우에는 시설물의 중복사용이 빈번히 발생하므로 배치에 더욱 연구가 필요하며, 사용이 적은 설비들은 한편으로 옮겨 놓는 것이 공간을 최대한 사용할 수 있는 방법이다. 따라서 주방은 메뉴의 성격에 따라 그 배치가 특색 있고 그에 따라 동선도 변화 무쌍하다. 그래야만 원활한 작업수행이 이루어질 수 있다.

재료와 기기를 손이 닿기 쉬운 곳에 배치하여 많이 걷게 하지 않고 기본설비를 손쉽게 이용하도록 동선을 구성하면 작업흐름을 신속해진다. 이 모든 것은 메뉴를 잘 파악하고 연구하여 이루어져야 한다.

작업 중심점 공간은 작업자를 중심으로 좌우 140cm, 전방 75cm까지 용이하게 작업이 이루어지는 것을 기본으로 하며, 이에 대한 기준은 남성, 평균 신장 170cm일 때이다. 여기서 말하는 작업영역이란 좌우로 팔을 뻗는 일이 없이 편안한 접근이 가능한 영역을 의미한다. 작업대의 높이는 일반적으로 서서하는 경우 85~90cm, 앉아서 작업하는 경우에는 82cm 정도이다.

자동식기세척기는 문의 여닫는 길이가 요구되므로 앞쪽에 30~60cm의 여유 공간이 필요하며 작업대가 아래에 있다면 역시 구부리거나 앉아야 하므로 비슷한 여유공간이 요구된다. 싱크대는 작업대와 같은 높이로 설치하나, 수도꼭지와의 거리가 60cm를 초과하지 않도록 유의한다. 만일 싱크대 위에 선반을 설치하려면 165cm 정도가 적당하다.

레인지의 경우에는 최소한 90cm 정도의 작업공간 허용치가 필요하다.

레인지 위에서 배기 후드 밑까지의 공간은 사용자의 가시 한계 안에 있는 것이 좋으며, 조리사의 경우 위생모를 감안하여 후드의 높이가 196cm 정도가 되어야 불편함이 없다. 배기후드의 폭은 발열기기보다 60cm는 더 돌출되어야 내부공기 흡입률이 좋아

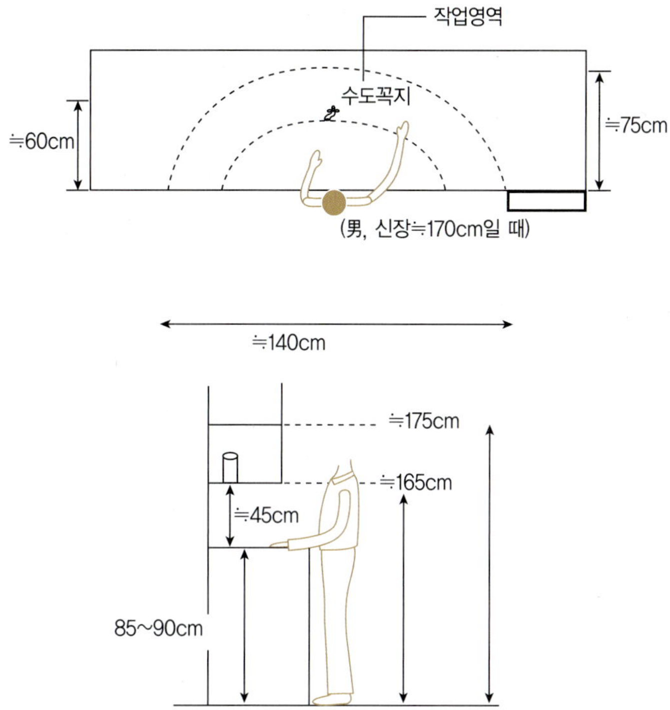

그림 2-9 | 작업공간

진다. 이런 동선을 배려한 배치는 작업자의 움직임을 덜어주고 시간과 에너지를 절약해 준다.

단위주방이라 함은 작업이 이루어지는 분산된 중심점들을 말한다. 이러한 단위주방은 여러 공간으로 나뉠 수도 있고, 한 주방 안에서 나뉠 수도 있다. 한 주방에 있는 작업 중심의 수는 행해질 작업의 양과 특성의 정도에 따라, 그리고 그 일을 하는 데 허용되는 시간에 따라 변화한다. 특정 시간 내에 다양하고 많은 메뉴를 조리하기 위해서는 다양한 설비와 여러 명의 작업자가 필요하다. 이러한 경우에 모든 작업은 각 중심점에 상호간 방해 없이 높은 연관성을 위한 배치가 중요해진다. 재료를 처리하거나 조리를 수행함에 있어 조리의 순서를 잘 흐르게 하고 주문을 받고 조리하고 서비스를 거쳐 작업수행과 재료의 이동을 포함해야 한다.

이러한 단위주방은 아래의 요소들을 갖추는 것이 긍정적이다.

- 기능은 적절한 순서에 따라 진행하되 작업 중심 공간들을 가로질러 건너거나 설비들을 돌아서 가야 하는 일을 최소화하도록 한다.
- 작업시간과 에너지에 대한 경비를 최소화하도록 계획한다.
- 생산과 서비스가 막힘 없이 신속한 흐름이 되도록 고려한다.
- 준비 작업이나 배식에서 지연되지 않도록 고려한다.
- 재료를 장기간 보관하는 일이 없도록 한다.
- 작업자의 이동, 재료의 이동 시 동선이 짧아지도록 연구한다.
- 안전하게 작업이 가능하도록 연구하고 계획한다.
- 공간이나 설비의 활용을 최대한 할 수 있도록 고려한다.
- 모든 작업 단계에서 품질을 관리하도록 노력한다.
- 생산비를 최소로 줄여 결국, 원가절감을 이룰 수 있도록 늘 연구하고 노력한다.

주방설비의 배치는 능률적인 면으로 부족함 없이 하여 보다 좋은 상품(요리)을 생산함과 동시에 위생에 위배되는 바가 없고, 또한 경제적으로도 최대의 이윤을 거두는 것이 목적이다. 배치의 종류는 일반적으로 일렬배치, 대칭배치, ㄱ자 배치 그리고 양면배치로 나뉜다.

❶ 일렬배치형 | 일렬배치는 열기기가 일렬로 배치된 구조이며, 주방의 크기와 관계없이 가장 일반화된 형태이다. 보통 벽면에 열기기를 집중배치하고 그 위에 배기후드를 설치한다. 이 방식은 작업자의 동선이 짧고 경제적이다.

식기는 흐름상 좌측에서 우측으로 돌아간다. 홀에서 사용된 후 들어온 식기는 주방 입구에서 남은 음식물을 잔반 처리대에 버리고 싱크대를 거쳐 식기세척기를 돌아 수납장으로 들어간다.

중앙의 가스레인지 앞에서 작업함과 동시에 좌우측의 기기를 이용한 보조작업도 가능토록 보조작업대를 설치한다. 후방의 작업대는 이동가능하여 어느 쪽에서든 접근이 용이하면 더욱 좋다.

❷ 대칭배치형 | 열기기와 작업대의 배열이 상호 대칭적으로 이루어진 구조이며, 보통 대형행사를 지원하는 제법 큰 주방에 적용된다. 이 형태의 주방에서는 많은 양의 식재

료를 보관하기 위하여 냉장 · 냉동실이 필요하고, 큰 용량의 다양한 기기 및 설비는 물론 보관창고가 별도로 부속되어 있다. 완성된 음식물의 적정온도를 맞추기 위해서 보온고나 냉온고를 갖추어야 한다.

❸ ㄱ자배치형 | 건물구조상 어쩔 수 없거나 주방의 공간을 최소화해야 할 때 사용되는 배치형이며, 동선을 최소화하기 위해 배치에 대한 연구가 필요하다

입구와 접근이 용이한 부분을 작업중심점으로 정하여 설비들을 배치하고, 구석진 부분은 조리에 영향도가 직접적이지 않은 보조기기나 보관창고, 사무실 등으로 사용하는 것이 좋다.

❹ 양면배치형 | 주방 양면에 조리기기를 배치한다. 제한된 순서에 따라 조리하지 않아도 되는 학교식당이나 병원 등에서 많이 사용된다. 한쪽에는 중량이 적은 설비를 설치하고 다른 쪽은 무겁고 부피가 큰 설비를 설치한다.

작업중심점을 메뉴에 따라 어떻게 변화시키는지에 따라 이동통로가 불편함 없이 넉넉한 것이 좋다. 만약 작업대가 길다면, 양 끝에 싱크대를 설치하여 불필요한 동선을 방지한다. 배기후드는 열기기가 집중되어 있는 곳을 중심으로 설치하되 만약 여력이 되어 여러 개 설치가 가능하다면, 작업대나 식기수거테이블 쪽이 적당하다.

Tip

전도, 방사, 대류

전도는 직접적인 접촉에 의해 열이 전해지는 것으로 구리나 알루미늄 같은 금속들은 다른 금속보다 전도율이 좋다.
방사는 초단파나 적외선에 의해 공기로 전해진다. 방사된 열에 의해 음식물이 가열 조리되며, 음식을 따뜻하게 유지하도록 하는 적외선램프, 초단파 오븐의 마그네트론에도 사용된다.
대류는 더운 물이나 더운 공기의 확장 기류에 의한 열의 전도를 말한다. 이로 인해 음식물의 조리가 가능해진다.

*참고문헌

강무근 外. 주방관리론. 학문사, 2002
김경임 外. 푸드코디네이션개론. 파워북, 2007
김숙희. 단체급식경영관리. 대왕사, 2007
김업식 外. 주방시설관리론. 도서출판 효일, 2004
김영갑 外. 외식산업론. 현학사, 2009
김지영 外. 테이블&푸드코디네이트. 교문사, 2005
김진수. 호텔, 외식산업식음료관리론. 대왕사, 2009
김종성 外. 조리실무관리. 형설출판사, 2004
김혜영. 최신단체급식. 도서출판 효일, 2005
나정기. 메뉴관리의 이해. 백산출판사, 2004
문정원 外. 새시대단체급식. 효일, 2002
양일선 外. 단체급식. 교문사, 2008
이권목. 주방설비관리론. MJ미디어, 2006
이도영. 단체급식실무경영론. 효일, 2007
이정학. 외식사업경영실무론. 대왕사, 2005
이종미. 단체급식. 파워북, 2007
전희정 外. 단체급식관리. 파워북, 2008
정현숙 外. 푸드비지니스와 푸드코디네이터. 수학사, 2007
조은정. 테이블코디네이션. 도서출판 국제, 2005
조춘봉 外. 호텔식음료 메뉴경영론. 형설출판사, 2003
한삭명. 최신주방시설관리론. 석학당, 2005

Kim Eun Ju 外. Foodservice Management. 형설, 2005
G.E Livingston and Charlotte M. Chang. Food Service Systems ; Analysis Design and Implementation. Academic Press, 1979
Mahood A. Khan. Concepts of Foodservice Operations and Management. 2nd ed., VNR, 1991
Marian C. Spers & Mary B. Gregoire. Foodservice organizations fifth Edition. Pearson, 2003
JFCS, Restaurant Produce, JFCS, 2003
John R. Wallcer, D.B.A., FMP & Donald E. Lundberg, ph. D. The Restaurant from concept to operation third edition. John Wiley & Sons, INC, 2004
Regina S, Baraban & Joseph F. Durocher, Ph, D. Successful Restaurant Design Second edition, John wiley & Sons, INC, 2001

메뉴와 가격

3

Chapter

1. 원가의 개념
2. 원가관리의 목적
3. 원가의 분류
4. 메뉴의 가격결정

1. 원가의 개념

원가cost란 어떤 메뉴상품의 제조, 판매, 배급 등에 든 각종의 재화와 용역(서비스 포함)을 화폐단위로 표시한 것이다. 즉 수익을 얻기 위하여 새로운 상품의 취득 또는 생산, 관리, 판매활동에 기인하여 정상적으로 소비된 재화나 용역의 화폐적 가치를 말한다.

넓은 의미의 원가라 함은 상품을 만들어 판매하고 화폐를 얻기까지의 직 · 간접적인 모든 지출원가(총원가)를 의미하는 것으로, 여기에는 매출원가, 판매관리비, 영업외 비용, 법인세 비용 등이 포함된다. 반면 협의의 원가라 함은 메뉴를 상품으로 만들기 위하여 들어가는 1차적인 단순 화폐원가(매출원가)를 말한다. 여기에는 제품제조경비, 재료비, 용역원가 등의 매출원가에 해당하는 원가가 포함된다.

원가계산은 원가관리의 기본 자료가 되며, 적정한 가격결정과 효율적인 기업경영 및 합리적인 경영의 지표가 되는 중요한 자료라고 할 수 있다.

그림 3-1 은 시간의 흐름에 따른 원가의 흐름을 도식화한 것으로 시간이 흐름에 따라 원가는 '원가기획→원가유지→원가개선' 의 순서로 흘러간다.

2. 원가관리의 목적

원가를 계산하고 관리하는 목적은 기업의 경영방침이나 이윤산출 원칙에 따라 손익

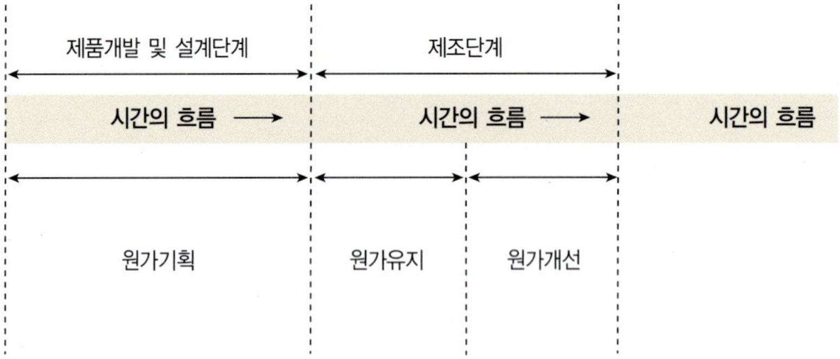

그림 3-1 | 원가의 흐름

을 산정하고 재정상태를 계수적으로 파악하며 판매가격을 결정하고 경영능률을 증진하는 데 있다.

❶ 판매가격을 결정하기 위한 원가자료를 제공하기 위하여

적정한 이윤을 가산하여 판매할 제품의 가격을 결정하기 위하여 원가자료가 필요하다.

❷ 원가통제 및 관리를 위한 원가자료를 제공하기 위하여

원가를 절감하기 위한 기초자료를 제공하고 설정된 원가표준과 표준원가를 비교하여 능률적인 관리를 위하여 원가관리가 필요하다.

❸ 재무제표의 작성에 필요한 원가자료를 제공하기 위하여

경영의 결과인 재무제표는 일정기간 내 손익이나 재무상태를 나타내는 표로서 이를 작성하기 위해서는 원가계산이 반드시 필요하며 손익계산서와 대차대조표도 함께 활용된다.

❹ 예산을 편성하고 통제하기 위한 원가자료를 제공하기 위하여

제품의 제조 · 판매 · 유통 등의 경로 중 발생되는 여러 가지 원가정보를 이익계획의 설정과 예산을 편성하고 예산을 통제하기 위한 기초자료로 활용하기 위하여 원가관리가 필요하다.

❺ 경영계획을 설정하고 경영비교 자료를 제공하기 위하여

원가관리 자료를 활용하여 예산을 통제 · 편성하고, 이익계획을 실현하며 장 · 단기 경영의사결정에 정보를 제공한다. 또한 능률적인 경영을 유도하고 같은 분야의 다른 기업체와의 경영효율성을 비교하기 위한 기초자료로 원가관리를 실행한다.

3. 원가의 분류

1) 원가의 요소 및 구성

원가는 재화와 용역의 종류에 따라 또는 그 사용목적에 따라 여러 가지 형태로 분류할 수 있으며 원가를 측정하는 방법도 다양하다.

일반적으로 원가는 재료비 material cost, 노무비 labour cost, 경비 expense로 구성되며, 이는 원가가 발생되는 형태에 따라 분류한 것으로 '원가의 3요소' 라고 한다. 경비는 다시 감가상각비, 이자비, 혼합비로 세분하여 재료비, 노무비, 감가상각비, 이자비, 혼합비로 나눌 수 있으며 이 5가지를 '원가의 5요소' 라 부르기도 한다.

2) 원가의 구성

직접원가, 제조간접비, 제조원가, 비제조원가, 총원가, 판매가격들의 관계를 그림 3-2 에 나타내었다.

(1) 직접원가

직접원가 direct costs는 제품을 제조하기 위하여 소비된 직접적인 원가요소로 직접경비, 직접노무비, 직접재료비를 말한다.

- 직접경비 : 외주 가공비
- 직접노무비 : 임금 및 급여
- 직접재료비 : 주요 재료비

(2) 제조간접비

제조간접비는 제품을 제조하기 위하여 소비된 간접적인 원가요소로 간접경비, 간접노무비, 간접재료비를 말한다.

- 간접경비 : 감가상각비, 보험료, 수선비, 가스비, 수도광열비
- 간접노무비 : 임금, 수당
- 간접재료비 : 보조재료비

(3) 제조원가

제조원가manufacturing costs는 앞에 언급한 직접원가와 제조간접비를 합한 것으로 제품을 생산하는 데 필요한 모든 원가를 말하며, 일반적으로 제품의 원가라 하면 이 제조원가를 말한다.

- 제조원가 = 직접원가 + 제조간접비

(4) 비제조원가

비제조원가는 기업의 제조활동과 직접적인 관련은 없고 단지 판매 및 일반관리활동과 관련하여 발생하는 원가로 직 · 간접판매비와 일반관리비를 말한다.

- 비제조원가 = 일반관리비 + 직접판매비 + 간접판매비

(5) 총원가

총원가total costs는 제조원가에 판매직접비와 판매간접비 그리고 일반관리비를 합한 원가로 제품이 제조되어 판매 가능한 상태가 될 때까지의 모든 원가를 합한 것으로 영업비operating costs라고도 한다.

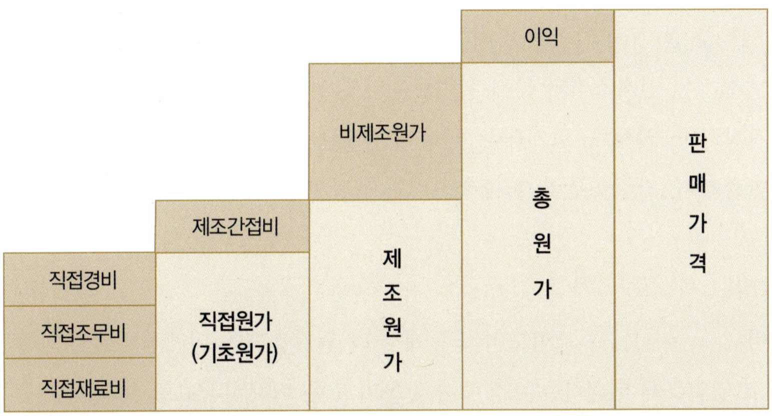

- 직접원가 = 직접재료비 + 직접조무비 + 직접재료비
- 제조원가 = 직접원가 + 제조간접비
- 비제조원가 = 일반관리비 + 직접판매비 + 간접판매비
- 총원가 = 제조원가 + 일반관리비 + 판매비(직 · 간접)
- 판매가격 = 총원가 + 이익

그림 3-2 | 원가의 구조

• 총원가 = 제조원가 + 일반관리비 + 판매비

(6) 판매가격

판매가격 selling price은 총원가에 이윤을 가산한 제품의 가격을 말한다.

• 판매가격 = 총원가 + 이익

(7) 단위원가

총원가를 생산수량 등의 일정 기준으로 나눈 원가로 평균원가라고도 한다.

3) 비용과 손익계산

비용은 크게 고정비와 변동비로 나눌 수 있고 준고정비 · 준변동비, 전력요금, 직접 노무비를 더할 수 있다.

(1) 고정비

고정비 fixed costs는 조업도의 변동과 관계없이 원가총액이 변하지 않고 일정하게 발생하는 원가를 말하고, 기간에 비례하는 비용으로 영업활동을 유지하기 위해 경영계획 단계에서 설정된 인적조직과 물적 설비로부터 발생되는 비용을 말한다.

• 감가상각비, 임차료, 토지대금, 금융비용(재산세 등), 소모품비(사무용 등)

• 일반관리비, 간접노무비, 판매촉진비와 포장비 및 운임을 제외한 판매비

(2) 변동비

변동비 variable costs는 조업도의 변동에 따라 원가총액이 비례적으로 변화하는 원가를 말하고 영업량에 비례하는 비용이며 활동비 또는 비례비라고도 한다.

• 직접재료비, 간접재료비, 외주가공비, 매입부품비

• 직접노무비의 잔업비

• 판매촉진비, 포장비, 운임

(3) 준고정비

준고정비semi-fixed costs는 일정범위 내에서는 일정한 금액이 발생하지만 그 범위를 벗어나면 원가발생액이 달라지는 원가를 말하며, 특별한 언급이 없으면 일반적으로 고정비에 포함하여 표시한다.

(4) 준변동비

준변동비semi-variable costs는 고정비와 변동비의 성질을 모두 가지고 있는 원가를 말하는 것으로 혼합원가mixed costs라고 한다. 전력요금, 수도료, 수선유지비 등으로 기본 요금은 정해져 있으나 사용량에 따라 요금이 증가하는 경우이다.

그림 3-3 은 고정비와 변동비 그리고 매출액에 의한 손익분기점을 도식화한 것이다. 손익분기점 산출도의 가로축은 영업량 또는 조업도를 매출금액의 척도로 나타낸 것이고, 세로축은 매출액과 비용을 나타낸 것이다. 고정비는 영업량에 상관없이 일정

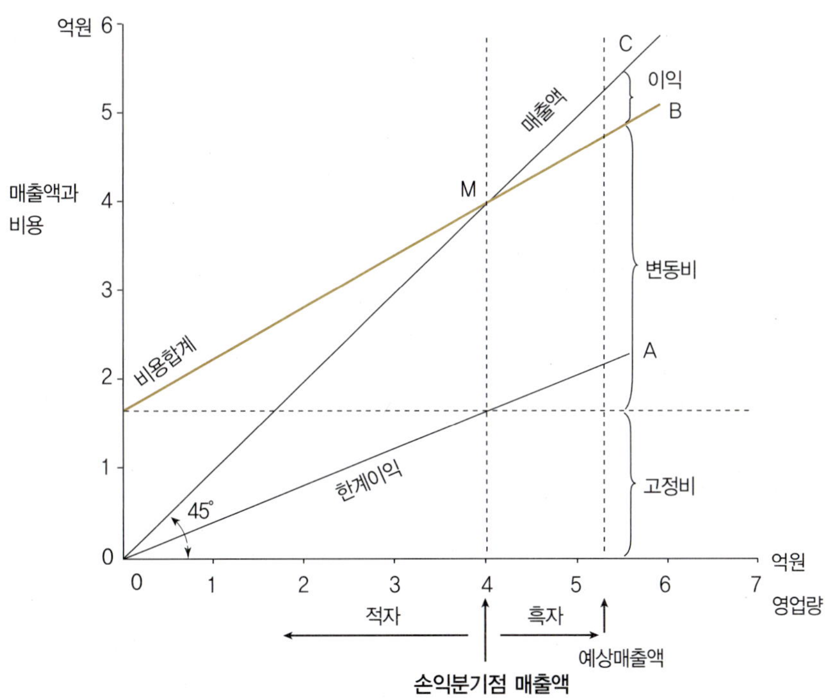

그림 3-3 | 손익분기점 산출도

하고 변동비는 영업량에 비례하는 직선을 나타낸다. A직선은 한계이익(매출액에서 변동비를 뺀 것), B직선은 비용합계, C직선은 매출액을 나타내고 M은 비용합계와 매출액이 만나는 교점으로 '손익분기점'의 매출포인트이다. M점을 기준으로 왼쪽은 적자이고 오른쪽은 흑자가 된다.

그림 3-4 는 준고정비를 포함한 고정비에 준변동비를 더하고 여기에 변동비를 더하여 총원가선을 나타낸 것이다.

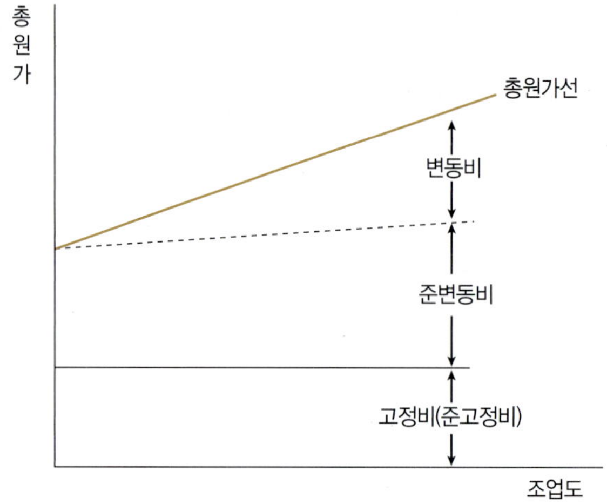

그림 3-4 | 총원가의 형태

4) 감가상각

기업의 경영에는 토지, 건물, 기계 등과 같은 고정자산, 원재료, 현금, 예금 등과 같은 유동자산 그리고 기타자산이 필요하다. 특히 기업체의 운영에 사용하는 고정자산은 기간이 경과함에 따라 그 가치와 내구성이 감소하게 된다. 따라서 고정자산을 일정 기간(사용연수)의 비율로 분배하여 비용으로 계산하는 것을 감가상각이라 하며, 그 기간에 따른 차액으로 감가된 비용을 감가상각이라 한다.

- 기초가격 : 구입가격
- 내용연수 : 고정자산이 사용될 수 있는 유효기간

- 잔존가격 : 고정자산이 내용연수에 도달하였을 때 매각하여 얻을 수 있는 추정가격으로 보통은 구입가격의 10%로 계산한다.

감가상각은 주로 정액법과 정률법을 적용하여 산정한다.

(1) 정액법

정액법은 고정자산의 기초가격에서 잔존가격을 뺀 감가총액을 내용연수로 나눈 값이다.

$$\text{매년의 감가상각액} = \frac{\text{기초가격} - \text{잔존가격}}{\text{내용연수}}$$

(2) 정률법

기초가격에서 감가상각비 전체 누계를 감한 상각액을 매년 일정하게 곱하여 산출한 금액으로, 고정자산을 구입한 초년도가 가장 크며 내용연수가 경과함에 따라 상각액은 점점 감소하게 된다.

4. 메뉴의 가격결정

소비자가 소유하거나 사용하게 된 상품이나 서비스에 대한 대가로 지불하는 재화단위인 메뉴가격은 기업의 중요한 수익창출 요인으로 고객수와 판매수입에 직접적으로 영향을 미친다. 또한 가격은 소비자가 제품이나 서비스 구매 시 가장 중요하게 고려하는 요인으로 동종업체 간의 민감한 경쟁수단이며, 특히 음식서비스 업체의 성공과 실패를 가름하는 분수령이 되기도 한다. 그러므로 적정한 가격의 결정은 이윤을 창출하고 수요를 자극하여 외식업체의 유지 및 확장에 결정적인 역할을 하는 중요한 요소 중의 하나이다.

1) 가격결정 요소

가격은 식재료비 · 일반관리비 · 인건비 · 이윤의 합으로 결정되며 이러한 직접적인 요소 외에도 다음과 같은 기본요소들을 고려하여 최종판매가를 결정하여야 한다.

첫째, 메뉴가격에 대한 고객들의 평가반응이다. 가격을 인상하면 이윤의 폭을 높일 수는 있으나 상대적으로 고객의 수가 감소하는 역효과가 일어날 수 있다. 따라서 가격을 책정할 때에는 메뉴가격에 대한 고객들의 반응이 중요하다. 이는 단순히 낮은 가격이 고객들의 반응을 좋게 한다는 것은 아니다. 고객은 가격과 더불어 외식업체의 분위기 · 이미지 · 서비스 형태와 같은 가격 외적인 요인에도 민감하다. 또한 메뉴에 대한 가치인식도에 따라 가격에 대한 고객의 만족도도 다르게 작용한다. 예를 들면, 같은 비빔밥일지라도 전주비빔밥, 돌솥비빔밥, 비빔밥 등에 따른 고객의 가치인식에 대한 차이가 메뉴가격에 반영되어야 한다.

둘째, 동종의 다른 외식업체의 가격들이다. 여기에는 외식업체의 지역적인 위치도 변수로 작용할 수 있으나 일반적으로 다른 외식업체의 동종메뉴, 또는 유사메뉴에 대한 가격이 고려되어야 한다. 가격비교 시에는 비교메뉴의 일정한 단위나 양에 대한 가격이 산정되어야 한다. 예를 들면, 100g당 가격이나 1인분 또는 2인분의 가격이 필요하고, 주식과 부식의 종류와 양도 통일하여 그 기준으로 삼아야 하며, 뷔페나 연회의 경우에는 메뉴의 가짓수와 종류 및 몇 인분인가가 기본적으로 산정되어야 한다.

셋째, 같은 메뉴판 내 유사메뉴 간의 가격차이다. '가장 비싼 메인요리의 가격은 가장 저렴한 메인요리 가격의 2.5배를 넘지 말라' 는 원칙이 있다. 이 원칙이 무시되어 메

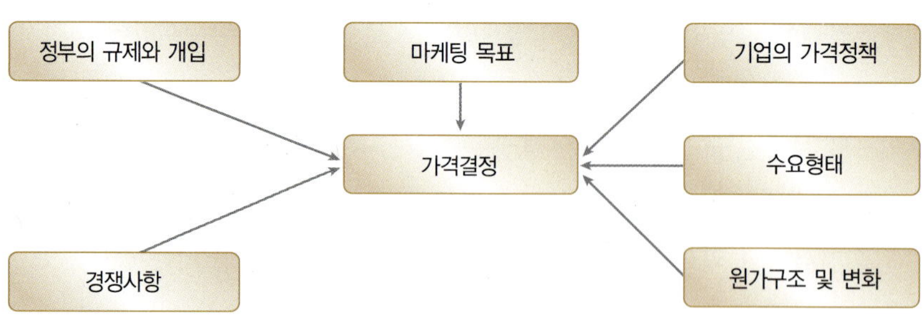

그림 3-5 | 가격결정 주요 변수

뉴가격대가 넓으면 소비자는 망설임 없이 싼 가격의 품목을 선택한다. 따라서 전체적인 매출을 고려한다면 메뉴가격의 격차가 너무 많이 나지 않게 가격을 책정하도록 한다.

넷째, 각각의 메뉴가 전체 메뉴에서 어떠한 역할을 하는 것인가에 대한 것이다. 다른 외식업체와는 차별화된 메뉴로써 전체 매출을 리드할 수 있을 만큼 자신 있는 중요 메뉴인가? 낮은 가격으로 다른 메뉴의 부가적인 선택을 유도할 미끼 메뉴인가? 단순히 메뉴의 가짓수를 늘려 고객의 선택의 폭을 넓히기 위한 메뉴인가? 박리다매 형태의 메뉴인가? 이와 같이 메뉴가 전체 메뉴에서 차지하는 역할에 따라 가격이 다르게 책정된다.

이 외에도 직접적인 식자재를 공급하는 시장의 조건과 위치, 레스토랑의 규모와 위치 그리고 인테리어, 고객에게 제공하는 유·무형의 서비스의 종류와 질, 음식의 맛과 품질, 주방시스템(중앙주방시스템 또는 단일주방시스템), 반입 식자재의 가공정도(완제품 또는 반제품), 수요의 탄력, 매출액, 원하는 수익률, 가격정책, 정부규제 등이 가격 책정에 영향을 미치는 중요한 요소들이다.

그림 3-5 와 같이 가격을 결정하는 주요 변수에는 마케팅목표, 기업의 가격정책, 수요형태, 원가구조 및 변화, 경쟁사항, 정부의 규제와 개입 등이 있다.

2) 가격결정 목적

합리적인 메뉴의 가격을 결정하는 것은 고객의 경제적 충족과 심리적 충족을 동시에 만족시켜 또 다른 매출을 유발함으로써 기업의 이윤을 증가시킬 수 있기 때문에 중요하다. 따라서 메뉴의 가격을 결정하고자 하는 목적은 레스토랑이나 외식업체의 매출목표를 달성하여 수익성을 확보하고, 이익을 최대화하는 객단가로 주방과 레스토랑의 합리적인 경영 방안을 모색하는 데 있으며 고객을 지속적으로 유지하는 데 있다.

3) 가격결정 방법

가격을 결정하는 기준과 방법은 학자마다 다양하다. 코틀러P. Kotler는 원가지향적 가격결정, 수요지향적 가격결정, 경쟁지향적 가격결정 방법을, 옥센펠트A. R. Oxenfeldt

는 완전 가격결정방법과 부분적 가격결정방법의 두 가지를 제시한 바 있다. 또한 그림 3-6 과 같이 원가중심, 수요중심, 경쟁중심, 그리고 복합적 가격결정의 방법으로 분류하기도 한다.

원가중심가격	• 원가가산 가격설정법 • 투자수익률 기준가격설정법 • 경험곡선에 의한 가격설정법
수요중심가격	• 인지된 가치방법 • 명성가격 설정법 • 단수가격 설정법
경쟁중심가격	• 가격선도제 • 관습적 가격설정 • 시장점유율 확보 가격설정법
복합적 가격	• 한계분석에 의한 가격설정 • 다단계방식에 의한 가격설정 • 경쟁입찰에 의한 가격설정

그림 3-6 | 메뉴가격 결정방법의 분류

(1) 원가 중심 가격결정법 Cost-oriented pricing

가격을 결정할 때 원가를 우선으로 계산한 후 기타 변수를 고려하여 판매가격을 결정하는 아주 객관적인 방법이다.

❶ Factor를 이용하는 방법 | 판매가의 계산이 간편하여 외식업체에서 비교적 많이 이용하고 있는 방법으로, 전체적인 식재료의 원가를 고려하여 계산하는 방법과 전체 식재료 중 중요한 식재료만을 고려하여 계산하는 방법이 있다.

판매가를 100%로 보고 식재료의 평균원가율을 정한 후 Factor를 계산하고, 이 factor에 식재료원가를 곱하여 판매가를 정한다.

예를 들어, 식재료의 평균원가율을 25%로 정했다면,

$$\text{Factor} = \frac{\text{매가}}{\text{식재료원가율}} = \frac{100}{25} = 4$$

즉 Factor는 4가 되고 어떤 메뉴항목의 식재료원가가 5,000원이라면

판매가격 = 식재료원가×factor = 5,000원×4 =20,000원

즉, 판매가는 20,000원으로 결정된다.

이 방법의 단점은 식재료원가만을 고려했기 때문에 다른 비용에 대한 정확한 산정이 어려워 적자가 될 수도 있다는 것이다. 예를 들어, 식재료의 원가를 높이 잡아 40%로 하면 나머지 60%로 식재료의 원가를 제외한 모든 비용을 감당하고도 일정액의 이윤을 남겨야 한다. 따라서 factor가 너무 낮게 잡히지 않도록 하고 유연성 있는 메뉴관리가 필요하다.

❷ Prime Cost를 이용하는 방법 | Factor를 이용한 방법에서 인건비를 추가하여 Factor를 결정하여 판매가격을 결정하는 방법이다. 여기서 인건비는 특정 항목을 생산하는 데 직접적으로 요구되는 인건비로, 정확한 산정이 어렵지만 일반적으로 전체 인건비의 1/3을 직접 인건비로 간주한다. 다음의 방법에 의하여 판매가격을 결정한다.

예를 들어,
- 전체 식재료원가율 = 25%
- 전체인건비율 = 30%
- 식재료원가 = 5,000원
- 직접인건비 = 5,000원일 경우

2-1. 프라임 코스트 계산

Prime Cost = 식재료원가 + 직접인건비 = 5,000 + 5,000 = 10,000원

2-2. 프라임 코스트율 계산

프라임 코스트율 = 매가 − 식재료원가율 − 직접인건비율 = 100 − 25% − 10% = 65%

직접인건비율 = 전체인건비율× = 30%× = 10%

2-3. Factor 계산

Factor = 100 / 프라임 코스트율 = 100 / 65 = 1.5(소수점 둘째 자리에서 반올림)

2-4. 판매가격 계산

판매가격 = 프라임 코스트 × Factor = 10,000×1.54 = 15,400원

결과적으로 Factor를 이용한 방법보다 프라임 코스트를 이용한 방법에서 판매가격이 더 낮게 책정됨을 알 수 있다.

이 방법의 단점은 조리사의 기술 수준에 따른 인건비의 차이와 메뉴 아이템을 생산하는 데 걸리는 시간에 대한 고려가 없다는 것이다.

❸ 실제원가를 이용하는 방법 | 메뉴를 생산하고 운영하는 데 소요되는 모든 비용과 이윤까지 포함시켜 판매가를 계산하는 방법으로, Factor법이나 Prime cost법보다 좀 더 객관적인 방법이다. 즉 이 방법은 식재료원가, 인건비, 변동비율, 고정비율, 이익률을 고려하여 다음과 같은 순서로 판매가격을 결정한다.

3-1. 식재료원가와 총인건비를 산출한다

식재료원가 = 5,000원 기준인건비 = 5,000원

3-2. 변동비율, 고정비율, 이윤율을 결정한다(손익계산서 참고)

변동비율(총매출액에 대한 변동비) = 10% 고정비율(총매출액에 대한 고정비) = 12% 이윤율(총매출액에 대한 이윤비) = 15%

3-3. 식재료원가와 인건비가 차지하는 비율을 계산한다

식재료원가와 인건비의 비율 = 매가-(변동비율+고정비율+이익율) = 100-(10%+12%+15%) = 63%

3-4. 판매가격을 계산한다

판매가격 = (식재료원가+기준인건비) / 식재료원가와 인건비의 비율 판매가격 = (5,000 + 5,000) / 0.63 = 15,873원

이 방법은 앞서의 방법보다 더 구체적인 방법이기는 하지만 계산에 필요한 정보의 정확도에 따라 판매가의 정확도가 결정되는 단점이 있다.

④ 매출총이익 Gross profit**을 이용하는 방법** | 손익계산서상의 일정기간 동안의 총매출액, 식재료원가, 고객수를 고려하여 매출총이익을 계산하고 다시 매출총이익을 고객수로 나눈 '객당 평균 매출총이익'으로 판매가격을 결정하는 방법이다. 주로 세트메뉴에서 메인메뉴를 선택해야 하는 경우, 메인메뉴의 종류에 따른 판매가격의 산정에 편리하다.

예를 들어, • 총매출액 = 60,000,000원
• 식재료원가 = 30,000,000원
• 고객수 = 3,000명일 경우

객당 매출총이익 = (총매출액 – 식재료원가) / 고객수
객당 매출총이익 = (60,000,000 – 30,000,000) / 3,000 = 10,000원

이렇게 계산된 객당 매출총이익 10,000원을 특정 아이템이나 메뉴구성 식자재의 원가에 추가하여 판매가격을 계산한다.

예를 들어, 전채요리 수프 메인(선택) 디저트로 구성된 디너세트메뉴의 판매가격을 계산해 보면,

4-1. 메인을 제외한 나머지 항목의 원가를 계산한다

전채요리 + 수프 + 디저트 = 3,000원 + 2,000원 + 3,000원 = 8,000원

4-2. 메인 메뉴의 종류에 따른 원가를 계산한다

메인 메뉴 A = 5,000원
메인 메뉴 B = 8,000원
메인 메뉴 C = 10,000원

으로 정해지면

4-3. 선택된 메인 메뉴에 대한 세트메뉴의 판매가격을 결정한다

메인 메뉴	메인메뉴원가	메인제외항목원가	객당매출총이익	판매가격
메인 A	5,000원	8,000원	10,000원	23,000원
메인 B	8,000원	8,000원	10,000원	26,000원
메인 C	10,000원	8,000원	10,000원	28,000원

이 방법은 모든 항목에 일률적으로 객당매출총이익을 더하기 때문에 다음의 표에서 보듯이 원가가 낮은 메뉴는 판매가가 높게, 원가가 높은 메뉴는 판매가가 낮게 설정된다. 따라서 원가가 낮은 메뉴를 주문하는 고객은 원가가 높은 메뉴를 선택하는 고객에 비하여 손해를 보게 된다. 다음은 전체 식재료원가율이 25%여서 factor가 4로 계산된 3개의 메뉴에 대한 Factor법과 매출총이익법의 판매가 비교표이다.

메뉴명	원가	Factor	Factor법 판매가격	매출총이익법 판매가격
메뉴 A	5,000원	4	20,000	25,004원
메뉴 B	8,000원	4	32,000	40,004원
메뉴 C	10,000원	4	40,000	50,004원

결국 매출총이익법은 판매하는 메뉴의 수가 적고, 패스트푸드점이나 카페 그리고 단체급식소처럼 메뉴 간의 원가차이가 적은 업장에 적합한 판매가격 결정방법이라고 할 수 있다.

⑤ 평균 객단가를 이용하는 방법 | ❶ ~ ❹의 방법과는 반대로 먼저 과거의 기록에서 평균객단가를 결정하고 그 범위 내에서 모든 비용과 이윤을 고려하여 식재료원가를 산정한 다음 산출된 범위 내에서 적당한 메뉴를 도출해 내는 방법으로 고객의 수준에 맞추어 판매가격이 결정된다. 이 방법에서 가장 중요한 것은 평균객단가를 산출해 내는 것이다.

❻ **목표수익률법** Target pricing method | 목표수익률법은 목표이익을 고려한 판매가 계산 방법으로 일정한 목표하에서 총원가에 예정된 수익률을 가산하여 판매가격을 결정하는 방법이다. 작년 또는 과거의 매출액을 기준으로 총원가를 계산한 후 소비자의 수요 및 선호도를 기준으로 영업이익을 결정한다.

(2) 수요 우선 가격결정법 Demand-oriented pricing

수요 우선 가격결정법은 원가계산보다는 고객의 수요를 근거로 가격을 결정하는 방법으로, 각각의 가격에 따른 수요량을 산정하여 이윤이 최대가 되도록 가격을 결정한다.

❶ **홀수-짝수 가격** Odd-even pricing | 어떤 가격문턱threshold을 넘어서면 판매량이 뚝 떨어지는 포인트가 있다. 따라서 그 가격보다 조금 낮게 측정함으로써 고객들로 하여금 싸다고 믿게 만드는 심리적 효과를 이용한 가격정책이다. 예를 들면 5,000원보다는 4,990원으로, 10,000원보다는 9,900원으로 표기하는 것이다.

❷ **관습 가격** Customary pricing | 관습가격은 소비자가 오랜 기간 동안 변동되지 않아 관습적으로 당연하게 인지하고 있는 가격을 말한다. 상품가격을 관습가격보다 높게 하면 비싸다는 인식을 주어 판매량이 급격히 떨어지게 된다. 또 관습가격보다 낮추면 품질 불량의 이미지를 받아 판매량도 저조하게 되는 특징을 보인다. 따라서 관습가격이 형성된 아이템은 가격조정보다는 품질이나 사이즈를 변경하는 방법을 적용한다. 예를 들어, 우유의 가격을 인상하기보다는 1,000ml를 900ml로 변경하는 경우를 들 수 있다.

❸ **위신 가격** Prestige pricing | 가격이 비싸더라도 그 재화를 소유함으로써 권위나 지위가 높아져 보일 것이라는 소비자의 심리에 맞추어 수요를 유도하는 가격결정법이다.

❹ **촉진가격** Promotional pricing | 유인가격설정법이라고도 하는데 백화점에서 흔히 미끼상품이라고 하는 저가의 상품을 고가의 상품이 있는 곳에 배치하여 고객을 유인하여 다른 상품의 구매를 유도하는 가격정책이다. 레스토랑의 경우, 10년 전 가격으로 제공하는 이벤트 메뉴가 여기에 해당한다.

❺ **복합가격** Multiple pricing | 복합가격결정법은 물건을 한 개씩 판매하지 않고 2개 또는 그 이상으로 묶어 판매하여 개당으로 구입하였을 때보다 저렴하다는 인식을 소비자에게 주는 것이다. 결국 고객은 심리적으로 저렴하다고 인식하기 때문에 판매량이 증가한다.

(3) 경쟁 우선 가격결정법 Competition-oriented pricing

경쟁지향적 가격결정법은 제품의 원가나 수요보다는 경쟁업체의 판매가격을 중심으로 판매가격을 결정하는 방식으로 경쟁업체와 가격이 동일한 경우보다는 비슷한 비율로 결정하는 모방의 경우가 많다. 이러한 모방은 원가의 정확한 정보 없이 판매가가 결정되기 때문에 경영적인 측면에서는 위험한 방법이다.

❶ **가격 선도제** | 가격선도제Price leadership는 동종업계에서 가장 영향력이 큰 기업의 가격선도자에 의해 가격이 결정되고 이 가격을 추종하거나 모방하는 가격을 말한다.

❷ **최고가격** | 최고가격은 업주가 임의로 고객이 지불할 수 있는 가장 높은 금액의 가격을 책정해 놓은 것이다.

❸ **적정가격** | 적정가격Reasonable price은 동종업계의 경쟁업체와 비교하여 적당한 수준이라고 업주가 판단한 주관적 가격을 말한다.

❹ **특매가격** | 특매가격은 주 품목의 가격을 인하하여 소비자를 끌어들인 다음 다른 품목의 가격을 올려 이윤을 남기는 가격정책을 말한다.

❺ 입찰가격결정법 | 입찰가격결정법은 원가나 수요에 기초를 두기보다는 경쟁업체의 가격을 예측하여 입찰함으로써 결정되는 가격책정법으로 단체급식업체 선정에서 많이 사용된다.

❻ 시장점유율 확보 가격결정법 | 기존업체가 존재하는 시장의 원리에서 처음으로 자사의 제품을 소비자들에게 내어 놓을 때 어느 정도의 가격이면 소비자가 기존제품을 포기하고 자사의 제품을 구입할 것이라고 예측하는 가격을 침투가격이라고 한다.

*참고문헌

강성부. 계량적 메뉴관리 방법론. 효일, 2004

김기영. 메뉴경영관리론. 현학사, 2006

김윤태. 호텔 · 외식산업 메뉴관리론. 대왕사, 2006

나정기. "메뉴판매가 결정에 관한 연구" 호텔경영연구논총, 1992

나정기. 메뉴관리의 이해. 백산출판사, 2008

박유식. "서비스 가격전략에 관한 연구: 성균관대학교 박사학위논문, 1996

박정식. 메뉴해설. 효일, 2004

박헌진, 성기협, 최미경, 최우승. 메뉴관리론. 교문사, 2010

백태영. 원가관리회계. 신영사, 2007

원융희. 레스토랑 메뉴 디자인. 신광출판사, 2001

윤덕인. 외식창업과 메뉴개발론. 신광출판사. 2007

이권복, 고승식. 호텔 외식사업 원가관리론. 동일출판사, 2008

이권복. 메뉴플래닝. 백산출판사, 2007

이우현, 정구영. 마케팅원론. 형설출판사, 1991

이정자. 메뉴관리. 기문사, 2001

이창우. 원가관리회계. 박영사, 2006

조용범, 강병남. 신메뉴관리론. 대왕사, 2007

조춘봉, 김영갑, 김선희. 레스토랑 메뉴경영론, 대왕사, 2008

진양호, 강종헌. 메뉴관리론. 지구문화사, 2008

진양호, 강종헌, 원가관리론. 지구문화사, 2007

최영준. 메뉴관리론. 대왕사, 2006

최주락, 이영숙, 안형기, 김상철, 이인성, 함형만, 조재철. 메뉴기획관리론. 백산출판사, 2003

Jack E. Miller and David K., Ph.D. Hayes. Basic Food and Beverage Cost Control. John Wiley & Sons, 1993

Jack E. Miller and David V. Pavesic. Menu: Pricing & Strategy (Hospitality, Travel & Tourism). John Wiley & Sons, INC., 1996

John A. Drysdale, Jennifer A. Galipeau. Profitable Menu Planning. Prentice Hall, 2008

John R. Walker & Jack E. Miller. Supervision in the Hospitality Industry, Study Guide: Leading Human Resources. John Wiley & Sons, INC. 2004

Lea R. Dopson, David K. Hayes. Food and Beverage Cost Control. Wiley, 2007

Lendal H. Kotschevar, Diane Withrow. Management by Menu, Study Guide. Wiley, 2007

Linda Blocker, Julia Hill. Culinary Math. Wiley, 2007

메뉴와 안전관리

Chapter 4

1. HACCP
2. 업장의 위생과 식중독
3. 외식업체의 3대 식품 취급 원칙
4. 바이러스 식중독
5. 우리나라의 식중독 발생현황
6. 식재료의 위생적인 관리
7. 개인위생관리

레스토랑의 메뉴를 기획하고 관리하는 과정 중 식재료 및 음식의 안전한 위생관리가 간과되어 국민의 건강과 직결되는 위생사고가 발생하는 경우가 있다. 경제성장과 더불어 풍족한 생활과 문화를 누리게 되었고 생존이 아닌 삶의 질을 향상시키는 안전한 먹을거리를 구하는 것이 점점 힘들어지고 있다. 따라서 신선한 식재료로 안전하게 조리된 음식은 국민의 건강과 직결되므로 메뉴의 기획과 관리에 있어서 식재료와 조리된 음식의 안전한 관리는 매우 중요하다.

1. HACCP

1) HACCP의 정의

HACCP(해썹)이란 Hazard Analysis Critical Control Point의 약자로 '식품위해요소중점관리기준'이라 하며, 위해 방지를 위한 사전 예방적 식품안전관리체계를 말한다. 즉 HACCP은 식품의 원료와 생산공정에서 발생 가능한 병원성 미생물을 포함한 생물학적 · 화학적 · 물리적 위해 요소를 과학적으로 분석하고, 사전에 위해요소를 제거하거나 허용수준으로 감소시키는 공정이나 단계를 중점관리하여 소비자에게 안전하고 깨끗한 식품을 공급하기 위한 시스템적인 규정을 말한다.

우리나라는 1995년 12월 개정 공포된 식품위생법에 HACCP의 조항이 신설되어 법적근거가 도입되었고, 1996년 12월 세부운영규정(식품위해요소중점관리기준 고시)을 마련하여 HACCP 희망업소를 대상으로 하는 자율적용을 유도하였으며, 2003년 8월 일부 품목에 대한 HACCP 의무적용규정 신설에 따라 어묵류 등 6개 식품제조 가공업소에 대하여 매출액 및 종업원수를 기준으로 단계별로 의무적용을 추진하였다. HACCP은 현재 전 세계적으로 가장 효과적인 식품안전관리체계로 인정받고 있으며 Codex, WHO, FAO와 같은 국제기구 및 미국, 유럽, 일본 등에서도 모든 식품에 HACCP을 적용하도록 권장하고 있다.

(1) HACCP의 역사

식품의약품안전청(KFDA)에서 제시한 HACCP의 역사에 대하여 아래 표 4-1 에 간략하게 기술하였다.

표 4-1 | HACCP의 역사

연도	내용
1960년	미국 NASA(미 항공우주국)의 아폴로우주선 비행사들에게 안전한 식량을 제공하기 위하여 최초로 고안되었다
1971년	Pillsbury사가 3원칙의 HACCP 개념을 처음으로 소개했다. 3원칙은 다음과 같다 원칙 1. 위해요소분석과 위해평가 원칙 2. CCP(중요관리점) 결정 원칙 3. CCP 모니터링
1987년	식품미생물기준국가자문위원회(NACMCF)가 다음과 같이 HACCP의 7원칙을 설정하였다 원칙 1. 위해요소분석과 위해평가 원칙 2. CCP 결정 원칙 3. CCP에 대한 한계기준 설정 원칙 4. CCP 모니터링 방법 설정 원칙 5. 개선 조치 설정 원칙 6. 기록 유지 및 문서 유지 원칙 7. 검증 방법 수립
1993년	제20차 국제식품규격위원회(Codex) 위생분과위원회에서 HACCP 방식을 식품위생의 일반원칙으로 채택하여 각국에 HACCP 개념을 근거로 한 위생규격기준을 권고하였으며, 미국, 일본, 캐나다, 유럽 등 세계 각국에서 이 제도를 도입하여 적용하였다
1997년	Codex에서 HACCP 7원칙 12절차를 개정하여 현재까지 적용하고 있다. 절차 1. HACCP 팀 구성 절차 2. 제품 설명서 작성 절차 3. 용도 확인 절차 4. 공정흐름도 작성 절차 5. 공정흐름도 현장 검증 절차 6 (원칙1). 위해요소분석 절차 7 (원칙2). CCP 결정 절차 8 (원칙3). 한계기준 설정 절차 9 (원칙4). CCP 모니터링 방법 설정 절차 10 (원칙5). 개선 조치 설정 절차 11 (원칙6). 검증 방법 설정 절차 12 (원칙7). 기록 유지 및 문서 관리

(2) 국내 HACCP 적용 현황

국내에서 식품의약품안전청(KFDA)과 농림부가 주관 · 관리하고 있는 HACCP사업들에 대한 현황을 아래 표 4-2 와 표 4-3 에 나타내었다.

표 4-2 | 식품의약품안전청(KFDA)의 HACCP현황

연도	내용
1995. 12	HACCP 제도 도입 근거 마련(식품위생법 제32조의2)
1996. 12	HACCP 적용업소 지정 운영을 위한 세부운영규정마련(식품위해요소중점관리기준 고시)
1997~2002	어육가공품, 냉동수산식품, 냉동식품, 빙과류, 도시락류, 집단급식소 식품접객업소 조리식품, 비가열음료, 레토르트식품 HACCP 적용기준 마련
2002. 8	의무적용에 대한 법적근거 마련(식품위생법 제32조의2)
2003. 8	의무적용대상업소 지정-어묵류 등 6개 식품제조 가공업소(식품위생법시행규칙 제43조의2)
2005. 6	김치 절임식품, 저산성통조림, 두부류 또는 묵류, 빵류, 소스류, 건포류, 특수영양식품 HACCP 적용기준 마련
2006. 12~2012. 12	매출액 및 종업원수에 따른 단계별 의무적용

표 4-3 | 농림부의 HACCP현황

연도	내용
1997. 12	HACCP 제도 도입 근거 마련(축산물가공처리법)
1998. 8	HACCP 적용업소 지정 운영을 위한 세부운영규정 마련(축산물위해요소중점관리기준 고시)
2000. 7	도축장에 대하여 2003.6.30까지 연차적 의무적용 실시
1998~2004	햄류, 소시지류, 포장육, 우유류, 발효유류, 가공치즈, 자연치즈, 가공유류, 버터류, 양념육류, 분쇄가공육제품, 저지방우유류, 아이스크림류 HACCP 적용기준 마련
2004. 1	집유장, 식육포장처리장, 축산물보관장, 운반업소, 판매업소 HACCP 지정근거 마련

(3) 일본의 HACCP 적용 현황

표 4-4 | 일본의 HACCP현황

연도	내용
1995. 5	식품위생법에 HACCP 개념 도입 ("종합위생관리제조관리" 승인제도 마련)
1996. 5	유제품 및 식육제품 적용 기준 설정
1997. 3	레토르트파우치식품 적용 기준 설정
1997. 11	어육연제품 적용 기준 설정
1998. 7	「식품제조과정 관리 고도화에 관한 임시조치법(HACCP 지원법)」제정 시행 / HACCP을 적용하기 위하여 시설의 정비 시 금융, 세제상의 지원
1999. 7	청량음료수 적용을 위한 기준 설정

(4) 7원칙12절차

전 세계 공통적으로 HACCP은 7원칙 12절차에 의한 체계적인 접근 방식을 적용하고 있다 그림 4-1 . HACCP 7원칙이란 HACCP 관리계획을 수립하는 데 있어 단계별

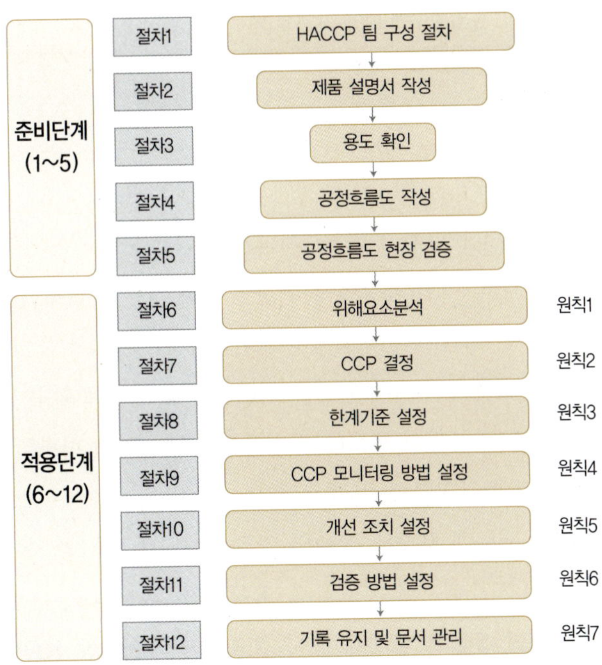

그림 4-1 | HACCP의 7원칙12절차

로 적용되는 주요 원칙을 말하고, HACCP 12절차란 준비단계 5절차와 HACCP 7원칙을 포함한 총 12단계의 절차로 구성되며, HACCP 관리체계 구축 절차를 말한다.

(5) HACCP 의무적용 추진 현황

의무적용 대상은 어육가공품(어묵류), 냉동수산식품(어류, 연체류, 조미가공품), 냉동식품(피자류, 만두류, 면류), 빙과류, 비가열음료, 레토르트식품에 해당하는 식품을 생산하는 제조가공 영업자이다 표 4-5 .

표 4-5 | HACCP의무적용 현황

연도	현황
2002. 8	의무적용에 대한 법적근거 마련(식품위생법 제32조의2)
2008. 8	의무적용대상업소 지정 – 어묵류 등 6개 식품제조 가공업소(식품위생법시행규칙 제43조의2)
2005. 10	김치 절임식품, 저산성통조림, 두부류 또는 묵류, 빵류, 소스류, 건포류, 특수영양식품 HACCP 적용기준 마련
2006. 12~2012. 12	매출액 및 종업원수에 따른 단계별 의무적용 실시

2) 식품이력추적제도

현재 국내에서 운영되고 있는 '쇠고기 이력추진제도'는 식재료로 사용되고 있는 쇠고기가 어느 지역, 어떤 농장에서 무엇을 먹고 자란 소인지 추적 가능한 제도로 안전하고 믿을 수 있는 먹을거리 확보에 중요한 제도이다. 즉 식품의 안전성에 문제가 발생했을 경우 해당 식품을 추적해 원인을 신속하게 규명하고 회수 등 필요한 조치를 통해 식품안전을 확보하고, 관련 정보를 소비자에게 제공해 소비자의 알권리를 보장하기 위해 전 세계적으로 확산되고 있는 제도이다.

RFID칩을 제품에 부착해 식품의 원료 구입, 제조 가공, 유통 판매 등 전 과정을 추적·관리하는 시스템으로 제조일자, 유통기한, 유통경로, 원료의 원산지, 인체에 유해한 중금속 농약 동물용 항생제 등이 검출되어 회수대상 식품에 포함된 경우의 회수정보 등이 포함된다.

3) 식품의 유통기한 Shelf life

아이스크림류, 빙과류, 설탕, 식용얼음, 껌류 및 약탁주를 제외한 주류 등 유통기한 의무표시 항목이 아닌 것을 제외한 식품의 제조 · 가공 영업허가를 받아 생산되는 모든 식품은 유통기한의 표시대상이 된다. 특히 호텔이나 외식업체 등이 식약청의 위생검열에 가장 많이 지적되는 항목이 바로 유통기한이 지난 식재료의 보관이나 사용이다. 따라서 식재료의 유통기한을 지키는 것 또한 메뉴관리의 한 부분으로 중요하다. 우리나라의 유통기한은 유통기한 날짜까지만 섭취가 가능한 Expiry date의 개념이 아니라 식품의 제조일로부터 소비자에게 판매가 허용되는 기한인 Sell by date를 의미한다. 즉 표시된 기한 내에 적정하게 보관되고 관리한 식품은 일정수준의 품질과 안전성이 보장됨을 의미한다.

4) 식품회수명령제도 Recall

식품회수명령은 1996년 10월부터 시행되었으며, 식품위생법 제35조에 의거 판매를 목적으로 하는 식품 등을 제조 수입한 영업자는 식품위생상의 위해가 발생하였거나 발생 우려가 있다고 인정할 때에는 그 사실을 국민에게 알리고 유통 중인 식품을 회수하도록 하는 제도로 일반회수명령과 긴급회수명령이 있다. 최근 패밀리 레스토랑이나 호텔의 외식업체에서도 반조리 식품 또는 완전조리식품의 형태로 테이크아웃할 수 있도록 포장하여 음식을 판매하는 경우가 많아지면서 이 제도로부터 자유로울 수 없게 되었다.

식품회수를 명받은 회사는 회수전담팀을 구성하여 회수계획을 수립하고 2개 이상의 중앙일간지에 회수 공포문안을 광고하여야 한다. 또 해당업소의 소재지를 관할하는 시장 · 군수 · 구청장에게 보고하고, 보고받은 시장 · 군수 · 구청장은 시 · 도지사를 거쳐 식품의약품안전청장에게 보고하도록 규정하고 있다.

5) 부정불량식품신고제도

부정 · 불량 식품제조 · 유통 · 판매업소 및 퇴폐 · 변태 등의 위법사항 신고자에게 신고 보상금을 지급하여 국민적 감시체계를 확립하고 불법영업을 근절하기 위한 제도로 보건범죄단속에 관한 특별조치법 제2조의 범죄행위를 신고하여 사법기관의 판결이 있는 경우와 식품 관련 불법 영업행위를 신고한 자가 보상금을 받는다.

6) Food Monitoring system : 명예식품위생감시원과 소비자식품감시원제도

「식품위생법 시행령」 제6조의2에 의거하여 위촉된 위생감시원이 일정한 교육을 이수한 후 안전한 식품의 유통과 부정 · 불량 식품근절을 위하여 식품감시원으로 활동하는 제도이다. 호텔이나 외식업체에서도 명예위생감시원의 모니터링이 가능하므로 철저한 위생 개념에 입각한 메뉴관리가 필요하다.

2. 업장의 위생과 식중독

식품위생Food hygiene: Food sanitation은 세계보건기구 환경위생전문위원회에서 정의한 것에 의하면 "식품위생이란 식품의 생육, 생산 또는 제조에서 최종적으로 사람에게 섭취될 때까지의 모든 단계에 있어서 안전성, 완전무결성 및 건전성을 확보하기 위한 모든 수단을 의미한다"라고 하였다. 우리나라 식품위생법에서는 "식품으로 인한 위생상의 위해를 방지하고 식품영양의 질적 향상을 도모함으로써 국민보건의 증진에 이바지함을 목적으로 한다"라고 하였으며, 식품위생의 대상범위를 음식물(의약품 제외)과 음식물과 관련된 첨가물, 기구, 용기, 포장 등도 모두 포함시키고 있다. 따라서 메뉴관리 안에 레스토랑의 주방 및 기물의 위생도 포함시켜 외식업체의 생존과 직결된 식중독과 같은 위생사고를 미연에 방지하여야 한다.

1) 식중독의 정의

식중독Foodborne disease, Foodborne disease outbreak, Food poisoning은 '유독 · 유해한 물질이나 병원성 미생물에 의해 오염된 음식물을 섭취하여 위장 장애를 주로 한 급성 건강장해'를 말한다. 집단 식중독은 역학조사 결과 질병의 원인이 물 또는 식품으로 확인되거나 의심되는 경우로 동일한 공급원의 물이나 동일한 공급원의 식품을 섭취한 후 2인 이상의 사람이 유사한 증상의 질병을 경험한 사건을 일컫는다.

식중독 발생의 주요 원인으로는 첫째, 오염된 용기와 위생적이지 못한 조리기구의 사용으로 인한 경우, 둘째 비위생적이거나 안전하지 못한 식품원료를 사용한 경우, 셋째 조리 후 음식물을 적절치 않은 온도에서 장시간 보관한 경우, 넷째 식품을 충분한 온도와 시간으로 조리하지 못한 경우, 마지막으로 각 개인의 비위생적인 습관, 예를 들면 손세척을 자주 하지 않는다거나 질병이 있다거나 또는 개인이 식품취급에 부주의했다거나 하는 경우 등을 들 수 있다.

일반적인 식중독 증상은 고열, 설사, 두통, 구토, 복통 등이 대표적이며, 때로 탈수증상, 호흡곤란을 동반하여 생명을 위협하기도 한다.

일 년 중 5월에서 9월까지가 식중독이 가장 많이 발생하는 시기이지만 최근에는 실내 난방과 지구온난화 등으로 인하여 계절의 구분 없이 식중독이 발생하고 있어 추운 겨울철에도 주의를 기울여야 한다.

2) 식중독의 분류

일반적인 분류법인 원인 음식물에 함유된 발병 원인 물질에 따라 생물학적 식중독(세균성 식중독), 자연독 식중독, 화학적 식중독으로 분류한다.

(1) 생물학적 식중독

미리 일정한 수 이상으로 증식한 세균이나 바이러스 또는 그 대사산물인 독소를 함유하는 식품이나 음식을 섭취하여 발병하는 경우를 말하며, 감염형과 독소형으로 나눌 수 있다. 어떤 병원체는 두 가지 형태를 모두 취하고 있거나 중간 형태를 나타내는 것도 있다.

❶ 감염형 식중독 | 감염형 식중독은 식품 중에 미리 증식한 병원체, 즉 식중독균을 음식과 함께 섭취하여, 이들 병원체가 장관 내 점막을 통과해 구토, 복통, 설사 등 급성위장염 증세를 나타내는 것을 말하며 8~24시간의 잠복기를 가진다.

감염형 식중독의 원인이 되는 식인성 병원체는 살모넬라Salmonella, 장염비브리오Vibrio, 병원성 대장균Escherichia coli이 대표적이며, 캄필로박터Camphylobacter, 여시니아Yersinia, 세레우스Cereus, 웰치Welchii 등도 포함된다.

❷ 독소형 식중독 | 독소형 식중독은 식인성 병원체가 증식할 때 생성된 독소를 음식과 함께 섭취했을 때 나타나는 위장관 이상 증세를 말한다. 잠복기는 감염형보다 짧아 보통 3시간 정도이며, 생균의 유무와는 관계없이 독소가 파괴되지 않는 한 식중독의 위험이 있다. 대표적인 원인균으로는 포도상구균, 특히 황색포도상구균Staphylococcus aureus과 보툴리누스Botulinus 등이 있다.

(2) 자연독 식중독

자연독이라 함은 독성을 체내에서 생산하거나 조직 내에 축적을 하여 다른 개체가 섭취하였을 때에는 유독물질이 되지만 그 독성을 지닌 동식물 자체는 아무런 해가 없는 것을 자연독으로 분류한다.

❶ 식물성 자연독에 의한 중독 | 식물은 그 함량 차이는 있으나 대부분 유독성분을 함유하고 있으며 항시 함유하는 것과 특정 시기에만 함유하는 종류로 나눌 수 있다. 주로 버섯종류가 많으며 그 외에도 감자(싹), 은행, 목화씨, 생고사리, 벌꿀 등이 있다.

❷ 동물성 자연독에 의한 중독 | 동물성 자연독은 복어독과 마비성 패독 등이 대표적이며 주로 어패류에 많고 열대 산호초에서 서식하는 어류에 많이 존재한다.

(3) 화학적 식중독

비고의적으로 잔류되는 유해물질로는 농약류, 유해성 금속화합물이 있고, 고의로 첨가되는 유해물질로는 색소, 인공감미료, MSG, 방부제 등의 식품첨가물이 있으며, 가공 · 제조 · 저장 중에 생성되는 유해물질로는 나이트로자민, 지질의 과산화생성물이 있다. 기타 화학물질에 의한 중독으로는 메탄올이 대표적이며 조리기구나 포장에 의한 중독으로는 납, 비소, 구리에 의한 납청 등이 있다.

(4) 기타

그 외에 곰팡이 독소에 의한 마이코톡신 중독의 원인물질은 아플라톡신, 황변미독, 맥각의 Alkaloid 등이다.

3. 외식업체의 3대 식품 취급 원칙

식재료와 음식의 변질과 부패를 방지하는 것은 조리사를 비롯한 레스토랑 종사자가 얼마나 식품을 위생적으로 취급하느냐에 달려 있다. 그러므로 안전하게 식품을 조리하기 위해서는 식품을 청결히 취급하고, 조리된 음식은 가급적 빠른 시간 내에 섭취하며, 보관 또는 저장 시에는 가열 후 보관하거나 냉각 보관하여야 한다. 식약청에서 제시한 식품을 안전하게 취급하는 3원칙은 청결, 신속, 가열 · 냉각이다 그림 4-2 .

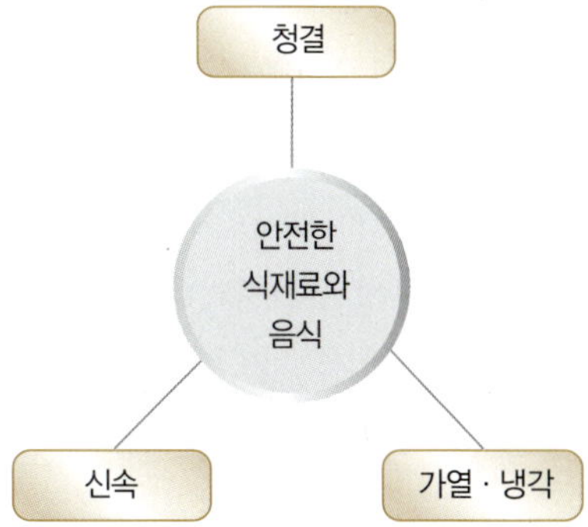

그림 4-2 | 식품의 3대 취급원칙

1) 청결의 원칙

식재료, 조리장, 설비, 기구, 조리사 등 넓은 범위의 청결을 의미하며, 최신 시설의 조리장에 청결의 요소가 결합되어야 안전한 먹을거리의 생산이 가능하다. 따라서 적절한 소독액과 흐르는 물 등을 이용하여 과일이나 채소 등의 세척을 철저히 하고 칼, 도마, 행주, 장갑 등을 식품별로 구분하여 사용함으로써 교차오염을 방지하도록 한다.

2) 신속의 원칙

청결의 원칙에 입각하여 식품을 취급한다 하더라도 무균상태의 음식을 만들기는 불가능하다. 따라서 식품에 부착된 세균이 증식하지 못하도록 식자재를 구매하였을 경우 신속히 조리하고 조리한 음식은 신속히 섭취하는 것이 중요하다.

3) 가열 · 냉각의 원칙

세균의 종류에 따라 증식 최적온도는 다르지만 일반적으로 사람 체온과 같은 36~37℃에서 가장 잘 증식한다. 그러나 5℃에서부터 60℃의 범위에서 증식이 가능하므로 5℃ 이하나 60℃ 이상의 온도에서 음식물을 보관하도록 한다 **그림 4-3**.

❶ **가열** | 60℃ 이상의 온도에서 대부분의 세균이 사멸되지만 74℃ 이상에서 1분 이상 조리하도록 한다. 가열처리가 충분하지 않았거나 조리된 식품을 상온에 방치하면 공기 중에 존재하는 세균이 식품에 부착되어 증식한 후 식중독을 일으키게 된다. 따라서 조리된 식품은 반드시 60℃ 이상의 온장고에 보관하거나 5℃ 이하의 냉장고에 보관하도록 한다.

❷ **냉각** | 5℃ 이하의 냉장고나 냉동고에서 보관 또는 저장하고 주기적으로 온도를 관리하여 안전성을 확보하도록 한다. 냉장고에서 세균의 발육과 증식을 억제할 수는 있지만 사멸시키지는 못하므로 냉장고나 냉동고를 너무 믿지 않도록 한다. 식재료의 특성과 최적 저장 온도를 잘 숙지하고 보관량은 냉장고 부피의 2/3 이상이 넘지 않도록 하며 보관기간을 잘 지키도록 한다.

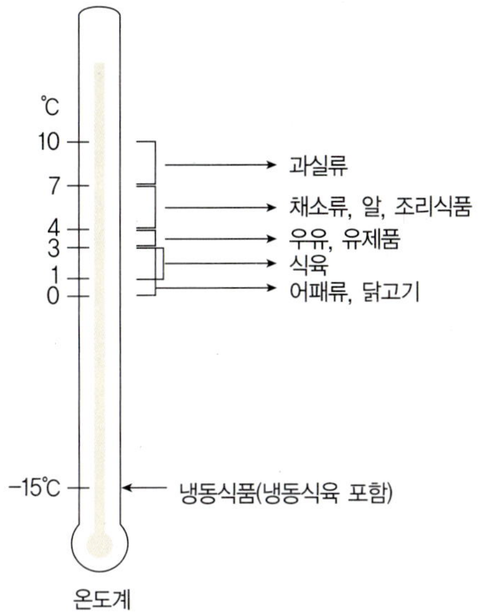

그림 4-3 | 식재료의 적정 저장 온도

4. 바이러스 식중독

요즈음 발생하고 있는 식중독 사고의 원인은 '세균성 식중독균'에 의한 것보다는 '바이러스'에 의한 것이 대부분이다. 따라서 바이러스 식중독의 예방과 대처에 많은 노력을 기울여야 한다.

바이러스 식중독이란 바이러스에 오염된 물이나 식품을 섭취하여 일어나는 건강상의 장해를 말하며, 주요 원인 바이러스로는 2006년 6월 우리나라를 떠들썩하게 했던 노로바이러스Norovirus와 A형 간염바이러스Hepatitis A virus가 대표적이다. 노로바이러스는 원형이면서 소형 바이러스로 감염력이 강하여 급성위장관염을 일으키며 어떠한 환경에서도 생존할 수 있다.

발병 시기는 겨울철에 주로 발생하고 있으나 다른 식중독과 마찬가지로 최근에는 계절에 관계없이 발생하고 있다. 잠복기는 24~48시간 정도이고 설사, 복통, 구토, 위경련이 주요 증상이며 때로는 미열, 오한, 근육통, 두통과 피로감을 동반하기도 한다. 감염 시 갑작스러운 설사가 1~3일 지속된 후 자연적으로 치유되지만 소아 · 노인 · 환자의 경우에는 심한 구토증세와 탈수증상이 나타나므로 탈수를 막기 위하여 충분한 양의 음용수를 섭취하여야 한다.

오염된 지하수 또는 식품을 통하여 발병하거나 사람 간 전염으로 인해 일어나며 노로바이러스성 식중독을 예방하기 위해서는 조리 전 · 후 항상 손을 깨끗하게 씻고, 조리실이나 부엌에서 사용하는 행주, 식기, 수저 등은 85℃ 이상에서 1분 이상 열탕소독할 것을 권하며, 오염이 의심되는 기구나 시설은 차아염소산나트륨과 같은 염소계 살균제나 소독제를 사용하여 살균 · 소독하도록 한다.

식품의약품안전청 발표 식중독 예방 포스터

5. 우리나라의 식중독 발생현황

식품제조업자나 외식관련종사자 또는 소비자의 무지에 의하여 발생하는 위생사건은 점점 대형화되고 집단화되는 경향을 보인다. 그 이유는 경제성장으로 인한 국민소득의 증대, 핵가족화, 맞벌이 부부의 증가 등에 따라 편의식품이나 즉석식품과 같은 가공식품 및 반조리 식품의 소비가 늘어나고 외식문화가 발달하면서 외식업체, 즉 식품접객업소의 수가 급격히 증가하고 있기 때문이다.

초등학교 의무급식과 함께 중학교, 고등학교도 학교급식을 실시하고 회사나 관공서 등에 대형식당 및 집단급식소의 설치가 증가함에 따라 안전수칙 및 식품위생 규정을 철저히 지키지 않는 경우 병원체에 의한 대형 위생사고의 위험은 점점 커질 것이다.

1) 연도별 식중독 발생현황

식품의약품안전청에서 발표한 자료에 따르면 우리나라 연도별 식중독 발생현황은 건수는 서서히 증가하는 반면, 환자수는 급격히 증가하는 추세를 보이고 있어 식중독 사건이 대형화되고 있음을 알 수 있다. 1996년 식중독 사건당 환자수가 34.5명에서 2001년에는 68.9명으로 급증하였으나, 2002년에는 월드컵 등 국제행사를 대비한 중점적인 지도 및 점검과 교육으로 인하여 38.2명으로 크게 줄어들었다. 그러나 2003년과 2004년에는 건당 환자수가 다시 증가하였으며 2006년에는 41.8명이었다.

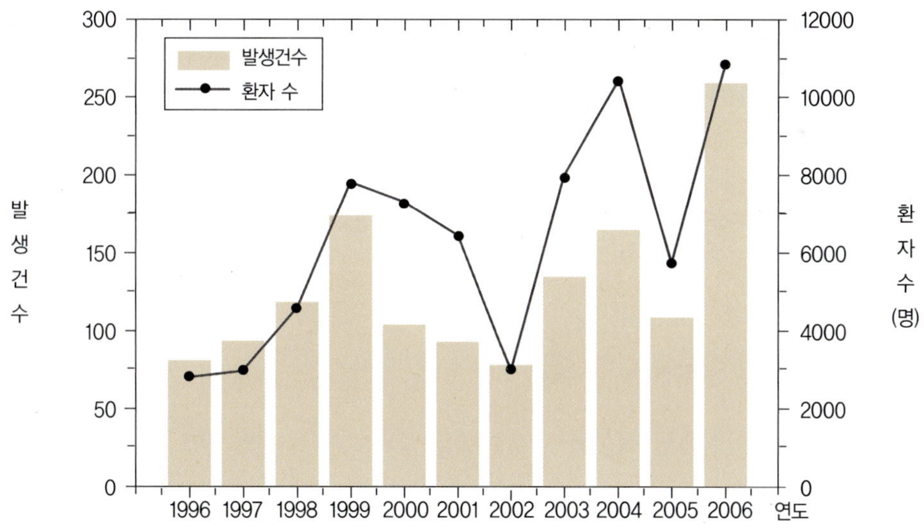

그림 4-4 | 연도별 식중독 발생 현황(2007. KFDA)

2) 원인물질별 식중독 발생현황

원인물질별 식중독 발생현황을 보면 바이러스성보다는 세균성 식중독이 대부분이고, 세균에 의한 식중독 사고 중 발병 환자수가 가장 많은 1위는 병원성 대장균, 2위는 황색포도상구균, 3위는 장염 비브리오 순이다.

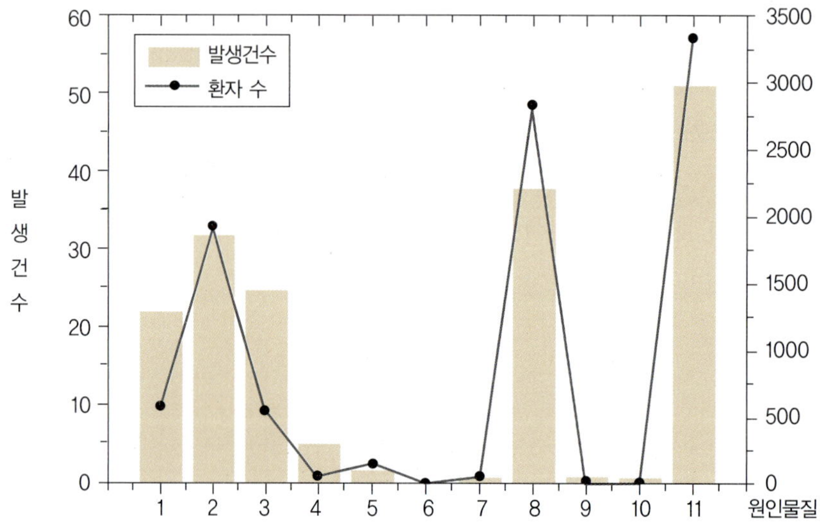

그림 4-5 | 원인물질별 식중독 발생 현황(2006. KFDA)

1. 살모넬라 2. 황색포도상구균 3. 장염비브리오균 4. 바실러스 세레우스
5. 클로스트리디움 퍼프린젠스 6. 클로스트리디움 보툴리눔 7. 캄필로박터 제주니
8. 병원성 대장균 9. 화학물질 10. 자연독 11. 노로바이러스

3) 원인식품별 식중독 발생현황

연도별 · 원인식품별 식중독 발생현황을 살펴보면, 원인불명인 경우를 제외하면 2000년과 2001년에는 육류나 어패류 및 그 가공품에서 가장 많은 환자수를 보인 반면, 2002년부터 2005년까지는 김밥이나 도시락과 같은 복합조리식품이 발생순위 1위를 보였다 표 4-6.

과거에는 재래시장과 백화점으로 이분되었던 식품유통 형태가 오늘날에는 대형할인점, 편의점, 인터넷쇼핑몰, TV홈쇼핑 등의 등장으로 식품유통체계가 다양화되고 대형화되고 있다. 또한 소비자들도 조금씩 사서 조리하던 방식에서 벗어나, 냉장 및 저장시설의 발달로 한꺼번에 많은 식품을 구입하여 보관하는 경우가 늘어나고 있다. 따라서 조리종사자나 식품 관련 종사자의 교육과 더불어 소비자에 대한 식품위생 및 안전교육도 필요하다.

표 4-6 | 원인물질별 식중독 발생현황(2007. KFDA)

연도별 / 식품군별	2000년		2001년		2002년		2003년		2004년		2005년	
	건수	환자수	건수	환자수	건수	환자수	건수	환자수	건수	환자수	건수	환자수
	104	7,269	93	6,406	78	2,980	135	7,909	165	10,388	109	5,711
어패류 및 그 가공품	15	245	17	494	12	403	22	374	18	419	19	415
육류 및 그 가공품	*21*	*2,459*	15	728	13	316	14	438	20	1,016	9	442
난류 및 그 가공품	3	330	–	–	3	55	2	485	1	6	7	343
유류 및 그 가공품	–	–	–	–	1	137	–	–	–	–	–	–
야채류 및 그 가공품	4	39	2	77	2	11	4	429	8	297	4	37
복합조리식품 (김밥, 도시락)	14	894	13	522	*15*	*481*	*36*	*3,394*	*22*	*1,276*	*13*	*1,339*
곡류 및 그 가공품	3	62	3	569	2	27	3	53	1	82	1	24
과자류	1	242	–	–	–	–	1	59	2	167	–	–
지하수 및 음용수	1	148	1	32	1	34	3	279	11	1,355	4	716
불 명	35	2,677	39	3,390	26	1,282	47	2,180	80	5,625	44	2,133
기타	7	173	3	594	3	234	3	218	2	145	8	262

(2007, Korea Food & Drug Administration)

6. 식재료의 위생적인 관리

1) 식재료 구매 시 확인 사항

- 곡류 및 과채류 : 1차 농산물은 거래명세서에 원산지를 표시한 제품
- 어 · 육류 : 육류는 도축검사증명서와 등급판정확인서가 있고 냉장 · 냉동상태로 유통되는 제품으로 신뢰성 있는 인가된 업체에서 구입할 것
- 어 · 육류 가공품 : 유통기한 표시 및 기한 이내의 제품으로 냉장 · 냉동상태로 유통되고 검사를 필한 제품
- 난류 : 위생란
- 김치류 : 포장상태가 완전한 인가된 생산업체 제품
- 양념류 : 살균처리하여 포장한 제품
- 기타 가공품 : 유통기한 표시되고 유통기한 이내의 포장이 훼손되지 않은 제품

2) 식재료 검수

표 4-7 은 특수식품의 검수를 나타내었으며 일반적인 검수 시의 주의사항은 다음과 같다.

- 공급된 식재료들은 온도 등을 즉시 검사한다.
- 녹은 얼음이나 오염물 등으로 배달트럭의 오염 정도를 체크한다.
- 필요한 정부검사의 도장을 확인한다.
- 유통기한과 사용만료일을 체크한다.
- 벌크제품, 케이스 제품, 개별포장제품은 샘플을 채취하여 검사한다.
- 철침, 못, 기타 고정구 등을 제거한다.
- 신속하게 제품창고로 옮긴다.
- 접수가 불가능한 제품들은 접수를 거부하거나 상급자에게 의논한다.

표 4-7 | 특수식품의 검수

식품	검수법
계란	• 4℃ 보관으로 깨끗하고 금이 가지 않은 것 • 내용물이 단단하고 냄새가 안 나는 것
낙농제품	• 4.4℃ 이하 보관으로 시거나 곰팡이 맛이 나지 않는 것
냉동식품	• −18℃ 이하 온도 확인 및 해동/재냉동 절차 준수
신선한 과일/야채	• 감염 확인 후 세척하여 농약 제거 • 파손방지 위하여 주의 깊게 취급
통조림 식품	• 부푼 것, 손상된 것, 라벨 없는 것은 거절
건조물품	• 건조, 포장이 손상되거나 곰팡이/해충이 없는 것
육류	• 고기의 몸통과 박스에 검사필 표시를 확인할 것 • 포장에 손상여부가 있는지 확인할 것 • 냉동된 것은 −15℃ 이하, 생것은 5℃ 이하인지 온도 측정 • 색을 살피되 밤색, 초록색, 보라색의 큰 얼룩이나 반점은 미생물 균체의 증거가 되며 검은색, 하얀색, 초록색 반점은 곰팡이가 생겼거나 냉동상태가 나쁜 증거임 • 쇠고기의 경우 밝은 빨간색이어야 하며, 어두운 빨간색은 오래 저장된 경우, 엷은 보라색은 오랜 시간 동안 공기순환이 없는 곳에서 저장하였거나 상하고 있는 것 • 돼지고기의 비계는 하얗고 탄력이 있어야 하며, 살코기는 옅은 분홍색을 띠어야 함
닭고기류	• 얼리지 않은 생 가금류가 가장 좋으며, 얼음에 채워 납품되어 온도가 5℃ 이하로 유지되어야 함 • 품질이 좋지 못한 것은 살이 단단하지 못하고 탄력성이 없음 • 고약한 냄새가 나거나 날개 부분이 끈적거리고 날개 끝이 어두운 색으로 변한 것은 부패한 것임
생선류	• 얼리지 않은 생선은 0~5℃로 얼음에 채워 납품되어야 하며, 이때 녹은 얼음물이 생선에 직접 닿지 않도록 해야 함 • 신선한 생선은 아가미가 선명한 빨간색이며 촉촉하고, 눈은 흐리지 않고 깨끗하며 튀어나와 있음 • 살과 배 부분이 단단하고 탄력성이 있으며, 심한 비린내가 나지 않는 것 • 냉동된 것은 녹였다 다시 언 표시가 있어서는 안됨 • 다시 얼린 생선은 건조하거나 탈수가 된 것 같이 보이며, 상자 밑에 많은 얼음이 얼어 있든지, 하얗게 솜털모양의 얼음상이 있거나, 물이 고여 있으면 안되며, 생선살 끝 부분이 밤색을 띠어서도 안됨 • 뼈가 살에서 쉽게 분리되지 않고, 비늘은 살에 단단히 붙어 있어야 함

갑각류 및 조개류	• 살아 있는 갑각류는 운송과정에서도 살아 있어야 함 • 닫혀 있어야 하는데, 껍데기가 열려 있을 경우 껍데기 위쪽을 두드리면 껍데기가 닫힘 • 냉동된 게, 새우, 바닷가재 등의 살은 탄력성이 있으며 모양에 이상이 없어야 함 • 비린 냄새가 강하게 나면 받지 않아야 함
달걀	• 냉장상태로 운반되고 보관되어야 함 • 달걀은 한 개를 깨서 온도계로 온도를 측정하여 5℃ 이하여야 함 • 깨 보았을 때 흰자와 노른자가 탄력이 있고 흘러내리지 않아야 함 • 껍데기는 깨끗하고 깨지지 않았으며, 오물이 묻어 있지 않아야 함
진공된 포장식품	• 포장 내에 거품이 있으면 거부할 것 • 포장재가 제품과 밀착되지 않은 것은 밀폐된 것이 아니므로 반품함 • 온도계를 두 물품 사이에 끼워 넣어 온도를 측정함

3) 식재료 보관

냉장식품은 10℃ 이하에 보관하되 당일 사용할 육류 및 생선류는 냉동보다는 해동된 상태로 5℃ 이하에서 보관한다. 또한 채소도 신선도만 유지된다면 상온보관도 가능하며 단, 전처리된 채소는 5℃ 이하 냉장보관하도록 한다. 냉동식품은 녹았다 얼지 않도록 하며 −18℃ 이하에서 보관한다 표 4-8 . 식재료의 상온, 냉장, 냉동보관하는 방법은 표 4-9 에 기술하였다.

표 4-8 | 일반적인 식품류의 보관온도

식품	저장방법
냉장식품	10℃ 이하
냉동식품	−18℃ 이하에서 언 상태를 유지하고 녹은 흔적이 없어야 함
당일 사용할 육류 및 생선류	5℃ 이하
전 처리된 채소	5℃ 이하
일반채소	상온, 신선도 유지

(1) 냉장고와 냉동고 내의 식품 취급

- 내부온도 측정은 매시 체크하여 기록한다.
- 온도에 이상이 있을 경우 바로 보고하고 지시에 따른다.

- 문의 개폐는 최대한 빠르게 하고 최소한으로 한다.
- 선입선출의 원칙을 지킨다.
- 조리된 식품은 청결한 식품전용 용기에 넣거나 랩 등으로 싸서 보관한다.
- 개봉한 통조림류는 별도의 식품전용 용기에 넣어 보관한다.
- 뜨거운 것을 수납할 경우에는 냉각기를 사용하거나 청결한 장소에서 위생적인 용기에 나누어 넣는 등 60분 이내에 중심온도 10℃ 부근까지 식혀서 보관한다.
- 원재료와 조리된 식품은 접촉되지 않도록 한다.
- 냉장고와 냉동고 내 수납은 60~70%로 한다.

(2) 상온 보관 창고 내의 식품취급

- 습기, 쥐, 곤충 및 환기에 유의하여 온 · 습도계를 설치하고 온도는 15.6~21.1℃, 습도는 50~60%를 유지한다.

표 4-9 | 식품의 보관방법

식품	저장방법
육류	• 4℃ • 랩으로 타이트하게 포장한다 • 색깔이 변하거나 끈적거리고 냄새가 나면 폐기 처리한다
가금류	• 바닥의 선반 4℃ 이하 • 랩으로 타이트하게 포장한다 • 색깔이 변하거나 끈적거리고 냄새가 나면 폐기 처리한다
계란	• 4℃ • 원래 용기에 보관하고 즉시 사용할 것만 꺼낸다 • 금이 간 것은 버린다
생선/패류	• 4℃ 이하에서 최대 3일간 저장 • 횟감 등은 먼저 냉동한다
일일제품	• 4.4℃ 이하 • 커버를 단단히 하고 냄새 강한 식품과 격리한다 • 유효일자까지 저장한다
신선한 과일/채소	• 4.4~7.2℃에 보관 • 원래 얼음에 포장된 생과일/야채 및 다듬은 야채는 그 얼음에 보관할 수 있다
통조림	• 보관장소 온도 10~21.1℃
UHT – 포장식품	• 개봉 전에는 냉장보관이 필요 없지만 개봉 후는 냉장 보관한다

- 자연환기를 위해 바닥과 천장으로부터 30~50cm 높이에 구멍이나 창을 두고 방충망을 설치하고 배기용 후드를 설치한다.
- 통풍을 고려한 선반을 설치하여 식품별로 분류 · 정리하여 식품명을 표기한다.
- 설탕, 밀가루 등 습기를 흡수하는 식품은 높은 선반에 보관한다.

4) 식품취급

(1) 비가열 조리식품

- 야채 및 과일을 세척할 경우에는 흐르는 물로 충분히 세척하여 필요에 따라서는 약품으로 세척한다.
- 싱크대는 용도별로 사용하여 상호 오염되지 않도록 한다.

(2) 가열조리 후의 식품의 냉각

- 냉각기가 있으면 사용하는 것이 가장 좋다.
- 청결한 장소에서 위생적인 용기에 나누어 넣는다.
- 식품을 냉각할 경우 냉각 시작시각 및 종료시각을 기록한다.

5) 보존식의 보존

식중독 사고 발생 시 원인 분석을 위하여 보존식을 보존한다.

(1) 원재료

- 원재료는 50g을 깨끗한 비닐에 넣어 품명과 날짜를 기입한다.
- 하나로 모아 한 용기에 담고 밀폐하여 냉동고에서 2주 이상 보존한다.

(2) 조리된 식품

- 조리된 식품은 식품별로 50g을 깨끗한 용기에 넣어 아침, 점심, 저녁 등으로 식사를 구분하여 기록한다.
- 각각을 밀폐하여 냉동고에서 2주 이상 보존한다.

6) 가열조리의 기본원칙

- 중심부 온도 75℃에서 1분 이상 가열한다.
- 냉동식품의 경우 충분히 해동 후 조리한다.
- 중심온도를 측정할 수 없을 때 조리솥의 중심 부근의 온도를 측정한다.
- 최하 안전 내부온도 이상에서 식품을 가열한다.
- 제품의 내부온도를 여러 곳에서 측정한다.
- 오븐을 무리하게 채우지 않는다.
- 식품의 맛보기를 올바르게 한다. → 맛본 수저를 음식에 넣지 않도록 한다.

7) 재가열의 원칙

- 2시간 이내인 경우 74℃로 최소 15초간 재가열한다.
- 전자레인지로 가열 시 88℃로 2분간 재가열한다.
- 재가열 후 홀딩 장비에 옮겨 최소온도 60℃를 유지한다.
- 조금씩 재가열하고 재가열은 한 번만 한다.

8) 해동원칙

- 흐르는 찬물에서 비닐포장 그대로 해동한다.
- 냉장고 내에서 해동한다.
- 깨끗하고, 위생적인 싱크대를 사용한다.
- 물이 식품의 표면에 튀지 않도록 한다.
- 식품이 해동된 후 바로 옮긴다.
- 해동 후 싱크대를 소독한다.

9) 조리기구와 설비의 세척 및 살균법

조리기구와 설비	세척 · 살균법
설비 · 기기	• 작업을 시작하기 전에 70% 알코올을 분사하며 분사 후 물걸레질을 하지 않는다 • 작업 중에도 수시로 500배 희석한 세척제를 행주에 묻혀 닦아내고 깨끗한 행주로 완전히 닦아낸다 • 70% 알코올을 분사하거나 뜨거운 열수로 닦아내어 살균한다
싱크	• 세제를 묻힌 수세미로 싱크대를 빈틈없이 문질러 닦는다 • 흐르는 물로 때와 세척제를 충분히 씻어낸다 • 스프레이식 살균제를 구석구석 분사하여 살균한다 • 5분 후에 흐르는 물에 살균제를 완전히 씻어내고 사용한다
냉장 · 냉동고	• 냉장고 내부를 세제를 묻힌 수세미로 구석구석 닦는다 • 깨끗한 행주로 때와 세제를 닦아낸다 • 70% 알코올로 분무 소독 시 추가적인 물행주질은 하지 않으며 락스 등 살균제를 사용할 경우 5분 후에 깨끗한 물행주로 닦아낸다
보관고 · 선반	• 보관고의 문이나 내부를 세제를 묻힌 수세미로 구석구석 닦는다 • 깨끗한 행주로 때와 세제를 닦아낸다 • 70% 알코올로 분무 소독 시 추가적인 물행주질은 사용하지 않으며 락스 등 살균제를 사용할 경우 5분 후에 깨끗한 물행주로 닦아낸다
기구류	• 보관고의 문이나 내부를 세제를 묻힌 수세미로 구석구석 닦는다 • 물이나 온수에 적신 행주로 세척제를 닦아낸다 • 70% 알코올로 분무 소독 시 추가적인 물행주질은 사용하지 않으며 락스 등 살균제를 사용할 경우 5분 후에 깨끗한 물행주로 닦아낸다 • 작업개시 전 70% 알코올을 분사하여 살균한다
부품류	• 부품을 분해하여 식재의 찌꺼기를 제거하고 물로 세척한다 • 세척제에 담가 솔이나 수세미로 닦는다 • 물로 때와 세척제를 닦아낸다 • 100℃에서 30초 이상 살균하거나 90℃ 이상의 열탕을 끼얹어 살균한다 • 락스 등 살균제를 사용할 경우 5분 후에 흐르는 물로 닦아낸다
행주	• 조리용, 작업대용, 조리후용 등 색상으로 구분한다 • 행주는 사용 후 항상 새로운 것으로 바꾼다 • 세탁 후 100℃에서 5분 이상 살균하거나 락스에 5분 이상 담가 살균한다 • 흐르는 물에 행주를 헹군 후 건조한다 • 건조 후 깨끗한 곳에 보관한다
수세미	• 식기세정용, 조리기구용, 오염물용으로 구분하여 사용한다 • 용도별로 하루에 사용하는 수량을 넉넉히 준비하여 살균 보관한 것을 차례로 사용한다 • 물로 찌꺼기를 제거하고 세척액으로 세탁한다 • 세제를 씻어내고 락스에 5분 이상 담가 살균한다

	• 물을 빼고 청결한 장소에서 건조시킨다 • 건조시킨 수세미는 깨끗한 곳에 보관한다 • 많이 지저분한 것은 폐기한다
장갑	• 장갑은 전처리용, 조리용, 청소용으로 구분하여 사용하며, 난류 및 조리가 완료된 식품은 1회용 장갑을 사용한다 • 소독된 면장갑을 낀 후에 고무장갑을 착용하고 작업 전에 세척 소독을 먼저 실시한다 • 작업 중 취급하는 식품이 바뀌거나 오염물질에 접촉하게 되면 장갑 전체를 세척소독한 후에 작업을 하거나 소독된 새 장갑으로 바꿔 낀다 • 일회용 장갑은 다시 반복사용하지 않으며 수시로 교체 사용한다 • 사용한 고무장갑은 세제를 이용하여 닦아내고 뜨거운 물로 헹구어 낸다 • 세척한 고무장갑은 재오염이 되지 않도록 보관한다
쓰레기통	• 용기 안을 물로 깨끗이 세척한다 • 세척제를 이용하여 솔 등으로 뚜껑까지 세척한다 • 흐르는 물로 때와 세척제를 충분히 세척한다 • 락스로 용기와 뚜껑까지 빈틈없이 닦는다 • 흐르는 물로 살균제를 씻어낸다 • 잘 건조시켜 사용하고 반드시 뚜껑을 닫는다
선풍기 · 환기팬	• 선풍기, 환기팬에 끼인 먼지는 수시로 제거한다 • 청소 후에는 덮개로 덮어둔다

7. 개인위생관리

식품으로 인하여 발생하는 각종 위해사고는 과거에 비하여 그 빈도가 나날이 증가하고 있고 대형화되는 추세이다. 이러한 위해사고는 주로 학교급식과 같은 단체급식에 의하여 발생하지만 개인 및 외식업체에서의 부주의로 인한 사고도 무시할 수 없다. 청결을 유지하고 조리 시 가열 수칙, 적합한 식품의 냉장보관 등의 원칙을 지키는 것이야말로 위생적인 식품을 안전하게 섭취할 수 있는 기본이 된다.

1) 조리사 및 외식업체 종사자의 개인위생

- 모자는 머리카락이 보이지 않게 착용한다.

• 시계, 반지, 팔찌, 목걸이, 귀걸이 등 장신구의 착용을 금한다.
• 손톱은 짧아야 하며 매니큐어 등을 바르지 않도록 한다.
• 짙은 화장을 피하고 강한 향수를 뿌리지 않도록 한다.
• 두발과 수염은 짧게 한다.
• 작업 중 사고로 상처가 났거나 감기증상, 설사증상 등이 보이면 반드시 보고하도록 하여 식품을 직접 접촉하지 않도록 한다.

조리나 식품가공 작업 시에는 다음과 같은 행동을 금하도록 한다.

• 옷으로 땀을 닦는 행위
• 식기 또는 배식용 기구 등의 식품 표면을 손으로 만지는 행위
• 노출된 식품 쪽으로 기침이나 재채기를 하는 행위
• 손가락으로 맛을 보거나 한 개의 수지로 여러 가지 음식을 맛보는 행위
• 조리실 내에서 취식, 흡연을 하는 행위
• 식품을 씻는 싱크대에서 손을 씻는 행위(이 경우 손 씻는 전용 세면기를 이용한다.)
• 고무장갑을 허리에 차고 조리하는 행위
• 조리 시 큰소리로 잡담하는 행위
• 껌을 씹는 행위
• 머리를 긁는 행위
• 위생복 차림으로 외부, 특히 화장실을 출입하는 행위
• 면장갑만을 착용하고 조리하는 행위
• 휴대폰으로 통화하는 행위

Tip

조리나 식품 관련 종사자의 건강관리

건강진단은 연 1회, '장티푸스, 폐결핵, 전염성피부질환'의 항목을 꼭 받아야 한다.
상처 난 손, 설사증상, 피부 가려움증, 콧물, 발진, 구토, 감기증상이 있는 사람은 직접 식품을 조리, 접촉하지 않도록 한다.

2) 올바른 손씻기

최근 신종플루가 전 세계적으로 유행하면서 손씻기 캠페인이 활발히 전개되고 있다. 특히 '1830 손씻기 운동' 은 하루 8번, 1회당 30초 이상 손을 씻자는 운동으로 WHO에 의하면 올바른 손씻기만으로도 식품매개질환, 감기, 유행성눈병, SARS 등 감염성 질환의 70%가 예방 가능하다고 한다. 다음은 식품의약품안전청에서 소개하는 올바른 손씻기 방법이다.

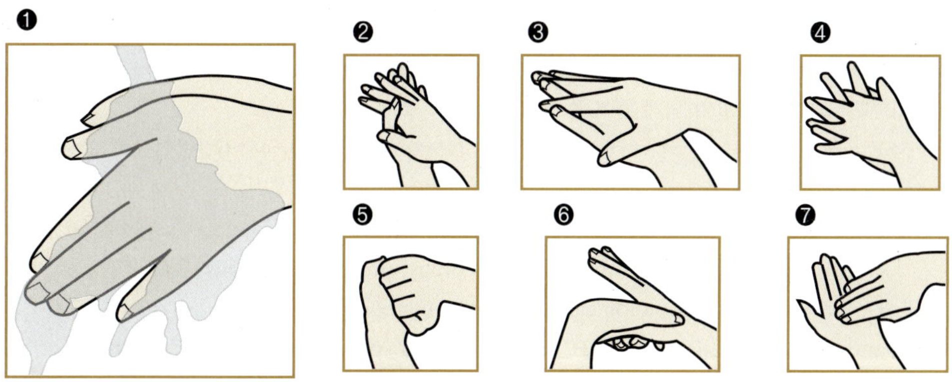

① 흐르는 온수로 손을 적시고, 일정량의 액체비누를 바른다.
② 손바닥과 손바닥을 마주 대고 문질러준다.
③ 손바닥과 손등을 마주 대고 문질러준다.
④ 손바닥을 마주 대고 깍지를 끼고 문질러준다.
⑤ 손가락 등을 반대편 손바닥에 대고 문질러준다.
⑥ 엄지손가락을 다른 편 손바닥으로 돌려주면서 문질러준다.
⑦ 손가락을 반대편 손바닥에 놓고 문지르며 손톱 밑을 깨끗하게 한다.

*참고문헌

김영태. 식품위생관계법규. 삼광출판사, 1995

김중만. 식중독을 간접 경험하자. 효일, 1999

농식품안전정보서비스. 정보광장, 농림부

박종세. 꼭 알아야 할 식품위생. 유림문화사, 1998

식품의약품안전청 홈페이지 http://www.kfda.go.kr

신광순. 알기 쉽게 풀이한 세균성 식중독. 한국식품안전협회, 2004

이철호. 식품위생사건백서II. 고려대학교 출판부, 2005

이철호, 맹영선. 식품위생사건백서. 고려대학교 출판부, 1997

한국보건산업진흥원 홈페이지 http://www.khidi.or.kr

CJ푸드시스템(주). 알기 쉽게 풀어 쓴 노로바이러스. 효일, 2007

NSF 국제정보화인증원. 식품안전시스템(HACCP-9000) 규격집. 한국경영진단연구원, 2004

Barling, D, de vriend, H, Cornelese, JA et al., 1999, The social aspects of food biotechnology, Environmental Toxicology and pharmacology, 7:85-93

FAO/WHO 2004, Microbiological Risk Assessment Series

Granum, PE and Baird-Parker TC, 2000, Bacillus species in Lund BM, Baird-Parker TC (eds), The microbiological safety and quality of food, Aspen Publishers, pp. 1029-105

http://www.cfsan.fda.gov

Partnership for Food Safety Education, 2007, http://www.fightbac.org

Paster, Tara, 2006, Haccp Food Safety Employee Manual, Wiley

Tim L., Michel H., 2004, FOOD WARS, Earthscan

U.S. Food and Drug Administration. Foodborne Pathogenic Microorganisms and Natural Handbook.

메뉴분석과 평가

5

Chapter

1. 메뉴분석의 정의 및 목적
2. 메뉴분석 요인
3. 메뉴분석의 기법
4. 메뉴평가
5. 메뉴엔지니어링

외식업체의 가장 큰 경영전략은 궁극적으로 고객의 욕구를 만족시키고 조직의 목표를 달성하는 데 있다. 고객 욕구 충족과 조직 목표 달성에 대한 아웃라인이 설정되면 메뉴를 계획하고 메뉴를 분석하는 일련의 과정을 거치게 된다. 따라서 메뉴분석은 개발된 메뉴가 외식업소의 이윤을 창출하는 데 어느 정도로 기여하고 있는지를 분석 · 평가하는 것으로 기업의 매출량을 증가시키고 이익을 증가시키는 방향으로 새로운 메뉴 아이템을 신설하거나 기존의 메뉴를 보완하는 작업이다.

1. 메뉴분석의 정의 및 목적

메뉴분석이라 함은 현재의 메뉴내용을 평가하고 가격을 책정하며 미래의 메뉴를 효율적으로 설계하기 위한 일련의 과정이다. 고객의 취향과 식문화의 유행을 함께 분석하여 외식업체의 경영규모에 따라 매출량과 순이익을 증가시킬 수 있는 경영에 대한 피드백feedback이자 메뉴평가의 도구로 정의할 수 있으며, 메뉴 엔지니어링menu-engineering과 혼용해서 이해되기도 한다. 메뉴분석은 메뉴계획 → 메뉴디자인 → 메뉴제작 → 메뉴평가 및 분석을 거쳐 다시 메뉴계획으로 Feedback되는 단계를 반복한다 그림 5-1.

그림 5-1 | 메뉴분석의 Feedback

외식업소의 경영자나 관리자는 끊임없이 다음과 같은 의문을 제기하며 그에 대한 해답을 찾기 위하여 노력한다.

첫째, 현재 메뉴의 판매가격은 적당한가?
둘째, 최대의 이윤을 창출하기 위해서는 어느 정도의 가격과 양이 적당한가?
셋째, 없애야 하거나 제거해야만 하는 메뉴는 없는가?

넷째, 판매에는 지장이 없으나 가격변동을 해야 하는 메뉴는 없는가?

다섯째, 메뉴를 바꾸면 성공할 것인가? 실패할 것인가?

여섯째, 기존 메뉴 중 고객 취향의 변화에 따른 레시피의 변경이 필요한 것은 어떤 것인가?

이러한 질문에 대한 답을 찾는 노력은 결국 해당 외식업소의 성패를 좌우하기 때문에 메뉴 분석의 의미는 중요하며, 최적의 답을 찾아 외식업체의 이윤을 극대화하고 고객들의 욕구를 최대한 만족시킬 수 있도록 하는 것이 바로 메뉴 엔지니어링의 목적이다.

2. 메뉴분석 요인

그림 5-2 에 제시된 메뉴분석 요인으로는 통제가능요소와 통제불능요소가 있다(이정자 2001). 통제가능 요소로는 메뉴품목, 가격, 생산 및 서비스, 상품품질, 서비스시설, 상품공급능력, 식당분위기와 장식, 다양성 등이 있고, 통제불능 요소로는 시대적 · 사

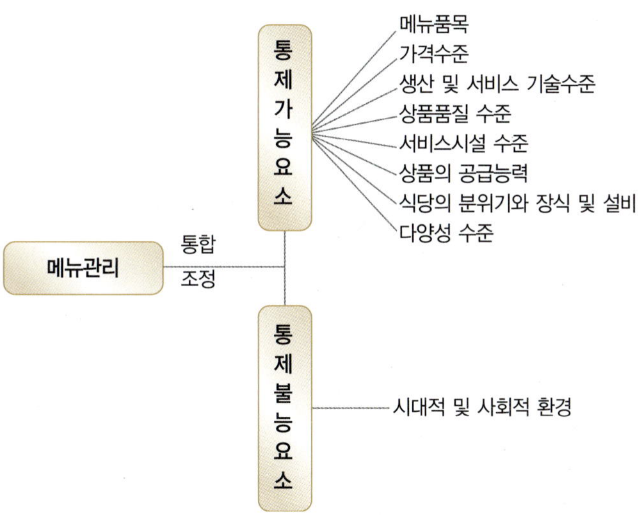

그림 5-2 | 메뉴분석 요인

자료 이정자, 메뉴관리

회적 환경이 있다.

메뉴분석은 단지 재료비만을 통제하기 위함이 아니라 업체의 수익 창출이 궁극적인 목적이라고 앞에서 언급한 바 있다. 이러한 기본개념을 염두에 두고 수익성과 인기성에 따라 메뉴를 분석하기 위한 요인으로는 다음과 같은 3가지가 있다.

첫째는 한 점포를 일정한 기간 동안 이용한 고객의 총수에 초점을 둔 분석이다. 둘째는 메뉴믹스Menu Mix=MM로 고객의 수요나 인기성에 관한 것이다. 한 점포에서 판매된 아이템을 비율로 산정하는 것, 즉 판매된 각 아이템과 총이용고객수의 구분을 통한 고객의 선택경향에 초점을 둔 분석이며 세일즈믹스sales mix라고도 한다.

셋째는 각 메뉴 아이템에 대한 공헌이익Contribution Margin=CM으로 가격결정에 가장 중요하며 메뉴에서 판매된 각 아이템의 총이익, 즉 판매비와 식재료비의 차액에 초점을 둔 분석이다.

3. 메뉴분석의 기법

메뉴는 총수익과 매출량 및 고객수요의 세 가지 요소를 바탕으로 분석한다. 총수익은 메뉴와 음식가격과의 상관관계를 고려하여 결정된 메뉴음식에 대한 총수익이고, 매출량(판매량)은 메뉴에 대한 고객들의 선호도를 반영하며, 고객수요는 음식을 제공받은 고객의 총수를 의미한다.

메뉴분석에 있어서 매트릭스matrix를 구성한 포트폴리오portfolio 방식을 처음으로 도입한 것은 1980년 밀러Jack E. Miller였으며, 보스턴 컨설팅 그룹의 성장 · 점유율 매트릭스와 매킨지 · GE의 사업계획 매트릭스를 재구성하여 채택하였다.

1) 밀러 법

밀러가 1980년 「메뉴가격과 전략Menu Pricing and Strategy」이라는 책에서 발표한 방법으로 일정기간 동안 메뉴의 모든 항목의 식재료 비율Food-Cost Percentage과 판매량을 전체 메뉴항목에서 차지하는 비율로 산정하여 4그룹으로 나누었다 그림 5-3 .

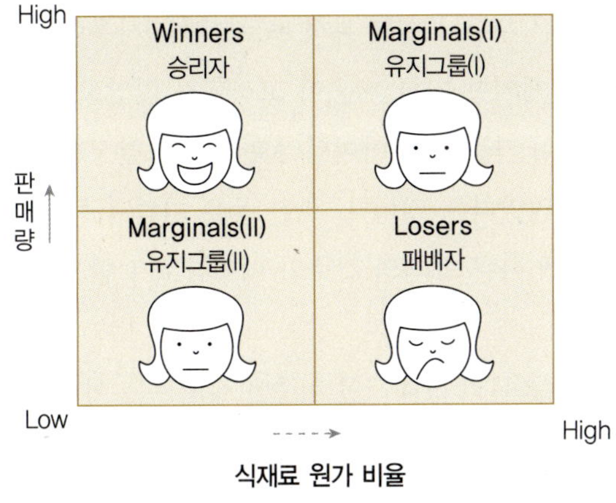

그림 5-3 | Miller의 메뉴분석 모형

이 방법에 따르면 식재료원가의 비율이 가장 낮고 판매량이 가장 높은 메뉴(수익성과 인기성이 높은 품목)들이 가장 좋은 메뉴Winners이고, 식재료원가의 비율이 가장 높고 판매량이 가장 낮은 메뉴(수익성도 없고 인기도 없는 품목)들이 가장 나쁜 메뉴Losers이다. 그러나 밀러법은 매출액이나 공헌이익은 고려하지 않은 분석법으로 관리자가 최저 식료원가비율로 메뉴 품목을 결정하는 데는 도움이 되지만, 원가율이 낮은 품목은 역시 판매가도 낮아 이익이 적은 수익성 없는 품목이 되고, 수익성을 위해 판매가격을 높이면 고객의 선택이 적어져 매출이 줄어들게 된다는 단점이 지적되었다. 실제로 밀러 분석법은 전채, 샐러드, 메인, 후식 등과 같이 파트별 메뉴를 구성하고 있는 패밀리 레스토랑의 분석에 적합하다.

2) 카사바나와 스미스 법

이 방법은 카사바나Michael Kasavana와 스미스Donald Smith에 의해 1982년 개발된 메뉴분석 프로그램으로 판매량과 총수익의 상관관계를 파악하는 '메뉴엔지니어링 기법' 이다. 각 품목의 공헌이익과 판매량 그리고 전체 판매량에서 각 품목의 판매량을 기준으로 선호도와 수익성을 분석하여 다시 4그룹으로 나누었다 그림 5-4 . 여기서 공헌이익이라 함은 판매가와 직접비용(원재료비)의 차이를 말한다.

이 분석 방법의 장점은 누구나 쉽게 분석 프로그램을 사용할 수 있다는 것이고, 단점은 식재료비의 원가를 제외한 다른 비용이 고려되지 않았고, 분석대상의 아이템수가 많아야 의미 있는 분석이 가능하며, 아이템의 판매가격 결정전략이나 판매촉진과 같은 외적 변수가 고려되지 않았다는 것이다. 또한 높은 가격 품목에 주력하여 공헌이익을 증가시키려고 하면 그에 따른 고객의 감소와 이익감소가 발생할 수 있다는 점도 문제점으로 드러났다.

전체 매출에 대한 각 품목의 상대적인 비중을 살펴보는 이 방법은 경쟁력 있는 일품 메뉴를 갖춘 외식업체나 메뉴를 취급하는 점포에 적합하다.

그림 5-1 | Kasavana와 Smith의 메뉴분석 모형

표 5-1 | 공헌이익(CM)과 메뉴믹스(MM)에 대한 메뉴평가

CM	MM	Classification	평가	평가결과
High	High	Star	선호도와 수익성이 모두 높은 품목	메뉴유지
Low	High	Plow horse	선호도는 높으나 수익성이 낮은 품목	가격재조정
High	Low	Puzzle	선호도는 낮으나 수익성이 높은 품목	위치재조정
Low	Low	Dog	선호도와 수익성이 모두 낮은 품목	메뉴교체

(1) Stars

① 가장 좋은 그룹으로 수익성도 높고 인기도 좋은 아이템, 즉 공헌이익이 높고 판매량이 많은 품목이다.

② 개선방법

- 현재 음식의 양과 질 등의 수준을 잘 유지한다.
- 가격의 변화에 고객이 민감한 반응을 보이는 그룹이 아니므로 어느 정도의 가격인상을 시도해 보는 것도 좋다.
- 메뉴는 가장 좋은 위치에 배열한다.

(2) Plow horses

① 선호도가 좋아 판매량은 높으나 수익성이 낮은 아이템 그룹이다. 이 그룹의 아이템들은 중간가격 이하의 가격으로 가격의 변화에 민감한 반응을 보이는 군이다. 이 군은 수익성만 높이면 'Stars' 그룹이 될 수 있으므로 공헌이익을 높이는 방향으로 개선방향을 잡아야 한다.

② 개선방법

- 대중적인 메뉴는 그냥 유지하고 경쟁업체에 없는 아이템에 대하여 판매가격의 인상을 신중하게 시도해 본다.
- 원가를 줄여 수익성을 높여야 하므로 메뉴의 양을 줄인다.
- 선호도가 높기 때문에 메뉴판에서 아이템이 차지하는 위치를 고객의 시선이 덜 집중되는 곳에 배열해 본다.
- 식재료비가 낮은 아이템과의 조화를 통해 신메뉴를 개발하여 판매량은 유지하되 원가를 줄여 공헌마진을 높이도록 시도한다.

(3) Puzzles

① 주로 가격대가 높아 수익성은 높으나 선호도가 낮아 판매량이 적은 그룹으로 고객의 선호도를 높이는 방향으로 개선방향을 잡는다.

② 개선방법

- 항목의 이름을 바꾸거나 최상의 위치에 메뉴를 배열하여 고객의 주의를 끌도록

한다.

• 만드는 데 특별한 기술이 필요하여 많은 노동력을 요구하는 메뉴는 과감하게 삭제한다.
• 판매가를 인하하거나 판매촉진 전략을 구상한다.
• Puzzle 그룹에 속하는 아이템은 많지 않게 최소로 유지한다.

(4) Dogs

① 가장 바람직하지 못한 그룹으로 선호도도 없고 수익성도 없는 아이템이다. 선호도와 수익성 둘 다를 높이는 방향으로 개선방향을 강구한다.

② 개선방법

• 과감하게 메뉴에서 삭제한다.
• 판매가를 인상하면 판매량은 그대로 낮게 유지되지만 공헌이익이 증가하여 'Puzzles' 그룹이 된다.

3) 파베식 법

파베식David V. Pavesic이 앞에서 제시한 밀러법과 카사바나&스미스법의 단점을 보완하여 개발한 메뉴분석 방법이다. 식음료원가율이 낮으면서 판매량으로 평가된 공헌이

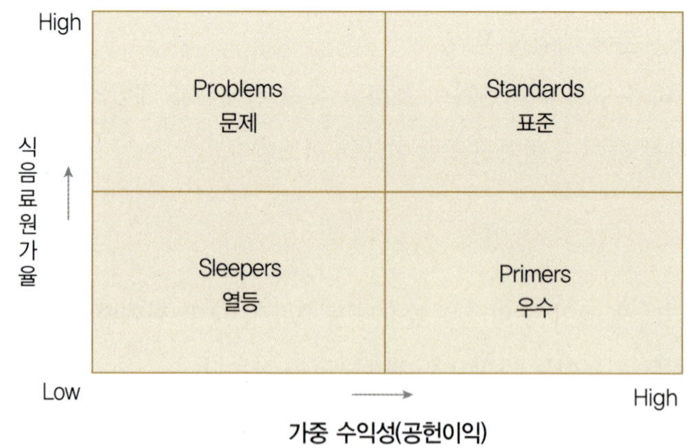

그림 5-5 | Pavesic의 메뉴분석 모형

익이 높은 아이템이 최고의 그룹이라고 하였으며 'Cost Margin Analysis(CMA)' 라고도 한다.

밀러와 카사바나&스미스는 원가가 낮고 선호도(공헌이익)가 높은 아이템이 최고라고 하였으나, 파베식은 원가율이 낮으면 판매가도 낮아 수익성이 떨어질 수밖에 없으며 수익성을 높이기 위하여 판매가를 높이면 판매량이 줄어든다고 지적하면서 결과적으로 식음료원가율과 선호도가 고려된 공헌이익을 혼합한 분석방법을 제안하였다. 공헌마진의 높고 낮음은 가중된 전체 마진을 아이템의 수로 나누어 평가한다.

이 방법의 장점은 CMA를 실행함으로써 각 아이템의 비용과 이윤 및 고객의 선호도를 파악한 후 원가관리와 마케팅 활동을 효과적으로 할 수 있다는 것이다. 반면 단점은 카사바나&스미스와 비슷한 흐름을 가지며 가중 공헌이익을 적용하였으나 선호도, 수익성, 원가율의 계산에 평균개념이 도입되어 정확한 계산에 의한 아이템의 구분이 이루어지지는 않았다는 것이다.

주로 설렁탕, 돈가스, 우동과 같은 단품메뉴를 취급하는 전문점의 메뉴분석에 적합하다.

Primes	: 원가율이 낮으면서 가중된 공헌이익이 높은 아이템 그룹
Problems	: 원가율은 높고 가중된 공헌이익이 낮은 아이템 그룹
Standards	: 원가율도 높고 공헌이익도 높은 아이템 그룹, 즉 인기 있는 아이템군
Sleepers	: 원가율도 낮고 공헌이익도 낮은 아이템 그룹

4) 헤이스와 허프만 법

헤이스D. Hayes와 허프만L. Huffman은 선호도와 수익성만으로 메뉴를 분석한 카사바나&스미스 분석방법의 단점을 보완한 새로운 방법을 제시하였다. 식재료의 원가뿐만 아니라 각 아이템마다 고정비용과 변동비용을 고려하여 순수익을 기준으로 아이템에 대한 수익성을 평가하였고, 이를 기준으로 손익계산서를 만들었으며, 순수익이 높은 순위대로 서열을 정한 후 목표이익과 비교분석하였다.

새로운 변수인 고정비용과 변동비용을 분석에 포함한 것은 장점이지만 식재료를 제외한 고정비와 변동비의 계산과 분배는 쉽지 않기 때문에 어떠한 방법으로 이들 비용을 메뉴에 분배하느냐가 단점으로 지적되었다. 뷔페 레스토랑의 메뉴분석에 적합하다.

5) 베이요와 베네트 법

베이요Mohamed E. Bayou와 베네트Lee B. Bennett는 앞에서 제시한 메뉴분석 방법들에 대한 단점을 다음과 같이 지적하였다.

첫째, 수익성 등에 서로 상관관계가 있는 메뉴들을 그룹핑Grouping하지 않았다(파베식 법 제외).

둘째, 각 영업장의 크기와 서비스 형태는 직간접 비용에 미치는 영향이 크므로 서비스를 시간대와 형태별로 구별해야 한다.

셋째, 수익성을 단기적인 경우와 장기적인 경우로 구별하지 않았다.

넷째, 비용의 배분을 어떻게 하느냐를 제시하지 않았다.

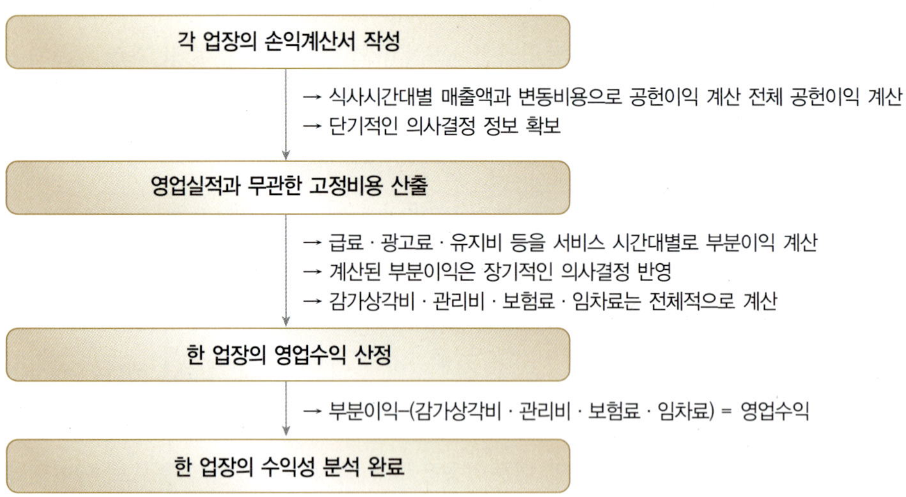

그림 5-6 | 베이요와 베네트의 메뉴분석법

이러한 지적을 개선하기 위한 방법을 그림 5-6 에 제시하였으나 이 방법을 적용하기 위해서는 레시피의 표준화, 업무의 전산화 및 세분화 그리고 회계의 표준화 등이 선행되어야 한다.

6) ABC 분석법

국내 패스트푸드점에서 가장 많이 이용되고 있는 메뉴분석법으로 상품의 20%가 전체 매출의 80%를 차지한다는 20:80법칙을 적용한 분석방법이다. 그림 5-7 에 제시한 절차대로 분석을 진행한다.

잘 팔리는 메뉴와 고객선호메뉴를 알 수 있어서 제공시간 및 신상품 론칭과 홍보가 쉬운 반면, 인건비가 산정되어 있지 않은 단점이 있다.

1. 일정기간(주로 1개월) 판매된 메뉴의 수와 매출액 계산
2. 매출이 많이 발생한 순서대로 모든 메뉴 나열
3. 매출 총액 합산
4. 각각의 메뉴 매출금을 총합계로 나누어 전체에서 차지하는 비율(%) 계산
5. 비율(%)의 누계 계산
6. 나열된 메뉴의 순서별 누계치의 75~80%를 A
나열된 메뉴의 순서별 누계치의 85~90%를 B
나열된 메뉴의 순서별 누계치의 100%까지를 C

그림 5-7 | ABC 분석법

7) 허스트 법

허스트Michael Hurst에 의해 1960년에 개발된 허스트 분석법은 원가, 가격의 변화, 이익공헌도, 인기도 등이 판매에 미치는 영향을 계산한 것으로 메뉴의 추가 또는 삭제,

평가 기간 설정

↓

총매출액에 공헌도가 높은 아이템(A)을 평가대상으로 선정

↓

각 아이템의 판매수량(B) 기입

↓

각 아이템의 판매가격(C) 기입

↓

각 아이템의 식재료원가(D) 기입

↓

아이템별 판매가격으로 식재료원가율(E) 기입

↓

단계별 점수 계산

↓

1단계 : 총판매가(F) = B×C
2단계 : 총원가(G) = B×D
3단계 : 판매량의 합(TB), 총판매가의 합(TF), 총원가의 합(TG)
4단계 : 전체 식재료원가율(TE) = TG / TF
5단계 : 평균객단가(H) = TF / TB
6단계 : 총이익(총매출액-총식자재원가) 계산
⇨ 총매출액 대비 총이익(총이익/총매출액) 계산
⇨ 평균수익률(I) 계산
7단계 : 각 아이템의 평균수익(J) = 평균객단가(H)×평균수익률(I)
8단계 : 아이템별 판매율(K) = 총판매수/업장 전체품목 판매수
9단계 : 메뉴 스코어(L) = 아이템의 평균수익(J)×선별품목 판매율(K)

그림 5-8 | 허스트 메뉴 분석법

그리고 가격의 조절 등의 메뉴에 대한 변화를 확인하기 위하여 개발되었다 그림 5-8 .

메뉴 스코어가 높을수록 높은 수익성을 의미하며 스코어 자체만으로는 큰 의미가 없다. 따라서 원가, 판매량, 가격변화, 메뉴변화 등의 요소들과의 상호작용을 잘 파악하고 평가기간을 달리하여 산정된 스코어들을 서로 비교하는 작업이 필요하다.

8) SWOT법

SWOT Strengths(강점), Weaknesses(약점), Opportunities(기회), Threats(위협) 법은 카이저 James R. Keiser가 각 사업단위나 메뉴 아이템의 강점과 기회를 살리면서 위험요소들을 최소화하여 경영전략을 수립하기 위하여 고안하였다 그림 5-9 . 시각적 효과가 좋아서 마케팅이나 경영학에서 흔히 인용된다.

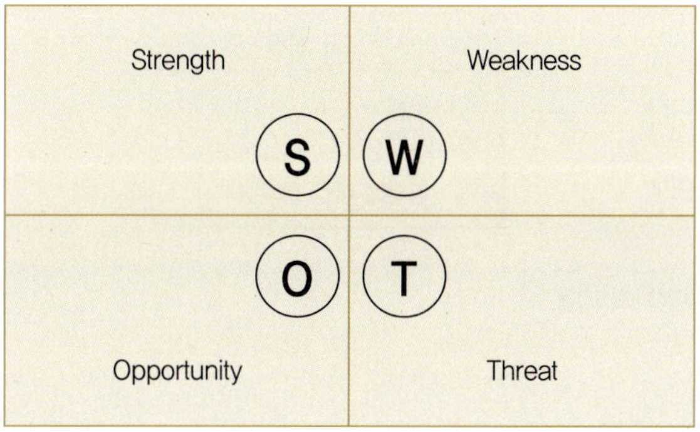

그림 5-9 | SWOT분석법

4. 메뉴평가

메뉴의 평가는 외식업체의 성공과 실패를 좌지우지하는 중요한 과정이지만 모든 평가기준이 모든 레스토랑에 적용되는 것은 아니다. 여러 가지 변수 중 그 레스토랑의 환경요건에 적합한 변수를 찾아내어 평가하는 과정이 필요하다.

객관적으로 잘 평가된 메뉴는 업장의 매출을 증대시켜 순수익이 증대되고 고객을 만족시킨다는 경영목적에 부합된다. 메뉴평가의 내용은 메뉴설계에 대한 평가, 메뉴의 다양성에 대한 평가, 메뉴의 수익성 평가로 구분한다 그림 5-10 .

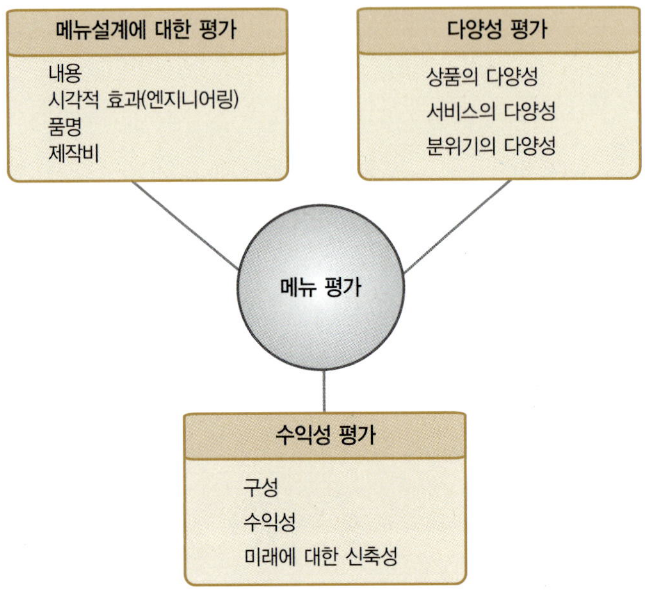

그림 5-10 | 메뉴평가의 내용

자료 이정자, 메뉴관리

1) 메뉴의 계획과 디자인 과정의 평가

그림 5-1 의 메뉴 Feedback 과정에서 보듯이 메뉴의 평가는 메뉴의 계획, 메뉴의 디자인, 메뉴의 제작의 전 과정을 평가하고 분석하는 것이다. 특히 메뉴의 계획과 디자인 과정의 평가는 메뉴계획자와 메뉴디자이너를 평가하는 것으로 일반적인 여러 변수 표 5-2 중 특정 외식업체에 해당하는 변수를 선정하여 그 변수를 고려하여 평가해야 한다.

표 5-2 | 메뉴의 계획과 디자인의 평가에 이용된 변수

구분	변수
메뉴계획	타깃 고객의 기호와 욕구 레스토랑의 전체적인 콘셉트 분석된 결과 아이템 수 다양성(조리방식, 아이템의 소스, 가니쉬) 다이어트 아이템 설정된 질의 표준 음식의 추세 종업원과 주방 기기의 분산 종업원의 기능과 수 주방 공간과 기기 서비스 방식 식사가 제공되는 때 아이템 분산 원칙 판매가 아이템의 차별화 경제성 추구 수익성 경쟁 식자재의 공급시장 재고현황
메뉴디자인	디자인의 전문성 레스토랑의 전체적인 콘셉트 가독성과 독이성 메뉴의 외형 메뉴 크기 레이아웃 컬러(전체적인 콘셉트, 종이, 활자, 잉크, 조명) 활자체와 크기 디자인의 독창성 메뉴 유지와 관리 상태 아이템 설명의 용이성과 진실성 메뉴 카피의 소구력 아이템의 차별화 기교 클립-온 또는 팁-온 메뉴위치 메뉴 교체의 유연성 판매가 표시 위치 정략 아이템의 포지션 전략(위치, 순위) 판매가에 따른 아이템 배열 순위 원칙 균형과 조화

자료 나정기(1994), "메뉴계획과 디자인의 평가에 관한 연구", 박사학위논문, 경기대 대학원

2) 메뉴상품(메뉴판)의 평가

메뉴상품의 평가는 메뉴판의 평가와 메뉴상품의 맛평가로 크게 나뉜다.

메뉴판 자체의 평가는 앞에서 언급한 메뉴의 계획과 디자인 과정의 평가와 평가기준은 동일하지만 계획자나 디자이너가 아닌 메뉴 자체가 평가의 대상이 된다. 따라서 메뉴계획자와 메뉴디자이너가 확실한 이론을 바탕으로 메뉴를 계획하고 디자인하여야 메뉴상품 자체의 평가결과가 좋아진다.

또한 메뉴의 선호도를 평가하기 위하여 관능적 평가도 실시한다. 주로 관능검사 전문 패널이나 고객에게 설문조사방법으로 메뉴상품의 맛평가가 이루어진다.

*참고문헌

강성부. 계량적 메뉴관리 방법론. 효일, 2004

김기영. 메뉴경영관리론. 현학사, 2006

나정기. "메뉴판매가 결정에 관한 연구". 호텔경영연구논총, 1992

박유식. "서비스 가격전략에 관한 연구: 성균관대학교 박사학위논문, 1996

박정식. 메뉴해설. 효일, 2004

박헌진, 성기협, 최미경, 최우승. 메뉴관리론. 교문사, 2010

백태영. 원가관리회계. 신영사, 2007

안광호. "메뉴계획과 분석에 관한 이론적 관찰". 영남관광학회. 관광연구, 제1집

원융희. 레스토랑 메뉴 디자인. 신광출판사, 2001

이권복. 메뉴플래닝. 백산출판사, 2007

이우현, 정구영. 마아케팅원론. 형설출판사, 1991

이정자. 메뉴관리. 기문사, 2001

진양호. "호텔레스토랑의 메뉴 엔지니어링에 관한 연구". 경기대학교대학원 박사학위논문, 1997

진양호, 강종헌. 메뉴관리론. 지구문화사, 2008

진양호, 강종헌. 원가관리론. 지구문화사, 2007

Art Institute, Purchasing, cost control, and menu management. Wiley/Art Institute. 2008.

Francis T. Lynch. The Book of Yields: Accuracy in Food Costing and Purchasing. Wiley, 2007.

John A. Drysdale, Jennifer A. Galipeau. Profitable Menu Planning. Prentice Hall, 2008.

Lendal H. Kotschevar, Diane Withrow. Management by Menu, Study Guide. Wiley, 2007.

Paul R. Dittmer, J. Desmond Keefe III. Principles of Food, Beverage, and Labor Cost Controls, Student Workbook. Wiley, 2005.

Paul R. Dittmer, J. Desmond Keefe. Principles of Food, Beverage, and Labor Cost Controls. Wiley, 2008

Paul J. McVety, Bradley J. Ware, and Claudette Lavesque Ware. Fundamentals of Menu Planning. Wiley, 2008.

PART II

메뉴 기획

6. 메뉴기획 · 개발 · 계획의 이해
7. 메뉴상품화의 이해
8. 메뉴와 디자인

메뉴기획 · 개발 · 계획의 이해

Chapter 6

1. 메뉴기획 · 개발 · 계획
2. 고려사항
3. 기본원칙
4. 메뉴 영향인자 및 변수
5. 메뉴 표준화
6. 메뉴기획 · 개발 · 계획의 과정

1. 메뉴기획 · 개발 · 계획

메뉴를 기획, 개발하고 계획한다는 것은 메뉴와 관련된 영향권 안에 있는 전반적인 모든 지식을 필요로 하는 복합적인 업무이다.

1) 정의

먼저 개발과 계획의 사전적 의미를 살펴보면 다음과 같다. 개발development이란, 무엇인가를 보다 쓸모 있거나 향상된 상태로 변화시키는 행위를 말하고, 계획plan이란 앞으로 할 일의 절차, 방법, 규모 따위를 미리 헤아려 결정하는 행위를 뜻한다. 즉 메뉴 프로듀싱menu producing이라고도 불리는 메뉴개발menu development은 메뉴를 보다 상품성 있는 쓸모 있는 상태로 변화시키는 것을 말하고, 메뉴계획menu plan이란 앞으로 상품으로 만들 메뉴의 이모저모를 미리 헤아려 결정하는 행위와 그 내용을 의미한다. 즉 영업방향에 따라 고객에게 제공될 음식의 종류와 가격 등 관련사항을 결정하여 고객에게 제공함으로써 영업목표를 달성할 수 있도록 준비하는 과정을 의미하는 것이다. 그 영업장의 경영철학, 사업방향, 고객층 파악, 입지조건 파악 등 경영전반에 대한 의미도 포함되어야 한다. 여기서 우리가 또 알아두어야 할 개념은 메뉴기획이란 것으로 원래 기획project이라 함은 일을 꾀하여 계획함을 의미하는 것이기에, 결국 메뉴기획menu project이란 새로운 개념의 메뉴를 개발하거나 계획하기 위하여 일을 꾀하는 것, 즉 아이디어를 내어 일을 만들어내는 것을 뜻한다.

기획과 개발과 계획은 비슷한 의미로 현장에서 사용되는 경우가 많으나, 이렇듯 미묘한 차이를 갖고 있다. 결국 기획한 메뉴를 개발하여 계획한다는 표현이 가장 적절한 표현이라 하겠다.

메뉴를 계획할 때에는 외국의 경우 주방관련 책임자, 홀 책임자, 총지배인과 매니저, 식음료 관련 책임자, 원가관리 책임자, 구매담당 책임자, 마케팅 관련 책임자 등 메뉴와 유기적인 관련을 맺고 있는 부서 모두가 함께 계획한다. 그러나 국내 실정은 아직 그러하지 못한 것이 현실이다.

메뉴를 계획할 때, 메뉴와 유기적 영향과 관련을 맺고 있는 여러 부서의 사람과 함께 계획하는 것이 사실은 더 타당한 접근법임으로 국내의 메뉴계획 현장에서도 활용되는 것이 바람직하다.

2) 종류

메뉴를 개발하거나 계획할 때에는 크게 두 가지 경우로 나누어 볼 수 있다.

첫 번째는 새로운 메뉴를 개발하거나 계획하는 경우이다. 이때에는 관련 자료, 혹은 직접적 관련이 없다 하여도 여러 가지 영감을 주는 자료들을 바탕으로 창작하는 경우이다.

두 번째, 기존의 메뉴를 새롭게 개발하거나 계획하는 것이다. 대체로 이런 경우에는 유기적인 관련 요인들을 제대로 파악하지 못하고 기존메뉴를 진행하여 영업적 손실을 입은 경우가 대부분이므로 메뉴 자체를 새롭게 바꾸기보다는 메뉴와 관련된 메뉴 외의 요소들, 즉 영업, 디자인, 원가분석, 유통, 기술 등의 재분석을 통해 새롭게 메뉴를 탄생시키는 작업이라 하겠다.

표 6-1 | 메뉴개발과 계획의 종류

메뉴개발과 계획	신메뉴	창작 중심
	기존메뉴 수정	분석 중심

3) 역할

기본적으로 메뉴기획의 역할은 아이디어의 선택과 창조이며, 메뉴개발menu development의 역할은 메뉴의 상품화 그리고 메뉴계획menu plan의 역할은 상품화된 메뉴가 기능적으로 영업장에서 막힘이 없고, 고객에게 만족을 주어 결국 영업목표를 달성하도록 하는 것이다.

메뉴를 기획하여 개발하고 계획하는 것은 영업의 가장 중요한 업무로서 현대에는 관리자의 관점으로 계획하는 것이 일반적이다. 그러나 규모나 운영형태, 종류, 영업목표 등 상황에 따라 달라지기도 한다.

메뉴개발과 계획에서 메뉴를 기획하고 개발할 때, 사회의 흐름을 잘 파악하여 유행과 트렌드를 선도하는 것도 중요한 역할 중의 하나이다. 이를 위해서는 여러 가지 요리와 식문화를 잘 알아야 하고, 사회의 흐름을 파악할 줄 알아야 한다. 이처럼 음식의 유행을 만드는 것도 메뉴기획과 개발에서 빼놓을 수 없는 중요한 요소 중의 하나다.

표 6-2 | 메뉴개발과 계획의 역할

종류	역할
메뉴개발(menu development)	고객에게 신상품 제공 유행창조 영업활성화 새로운 고객 유치 기존 고객 유지
메뉴계획(menu plan)	원활한 오퍼레이션 목표 영업이익 달성 고객과의 원활한 의사소통 제반 문제 발생 방지(법률적, 위생적, 사회적 문제 등)

Tip

메뉴 인덱스(menu index)

메뉴 레퍼토리(menu repertory)를 관리하는 것.

클립-온(clip-on)

적절한 공간을 메뉴에 두고 수익성이 높은 아이템이 생기면 끼워 넣는 메뉴.

2. 고려사항

메뉴개발과 메뉴계획의 근간이 되는 메뉴기획은 상당히 복잡해져 가고 있다. 메뉴의 기획은 각 식재료 간의 조합, 각 요리 간의 조합 등을 고려하여 전체적인 맛과 조리법, 식재료, 그리고 풍미의 균형을 이루어야 하고, 건강, 기호, 문화, 경영, 환경 등 여러 가지 요소를 고려하여 고객에게 만족을 주는 것을 기본으로 한다.

예전부터 의식동원이라 하여, 먹는 것을 약과 같이 중요하게 취급하였다. 즉 잘못된 식생활은 건강을 해치고 병의 원인이 되기 쉽기 때문이었다. 먹는 것은 곧 살아가는 에너지원이므로 메뉴를 기획하고 개발하며 계획하는 사람은 늘 사람의 생명을 중요히 여기고, 생명을 긍정적으로도 부정적으로도 만들 수 있다는 것을 자각해야 한다.

메뉴를 개발하고 계획할 때에는 메뉴가 공급될 상황과 장소에 따라 필요한 것들이 달라지게 된다. 예를 들면, 학교급식의 경우에는 에너지 이외에 하루 필요한 영양소의 거의 반을 채우도록 고려해야 하고, 병원급식에서는 연령에 맞는 기준영양량 외에 질병에 대응할 수 있는 메뉴를 계획해야 한다. 영업을 목적으로 하는 레스토랑에서는 무엇보다도 이윤이 가장 큰 관심사가 될 것이다.

메뉴를 계획할 때, 안전성에 대한 고려는 매우 유의해야 할 필수사항이다. 식품재료는 물론 조리도구도 위생을 철저히 하여 안전을 도모해야 한다. 생명에 직접적인 영향을 미칠 수 있음으로 몇 번 강조해도 가벼움이 없다.

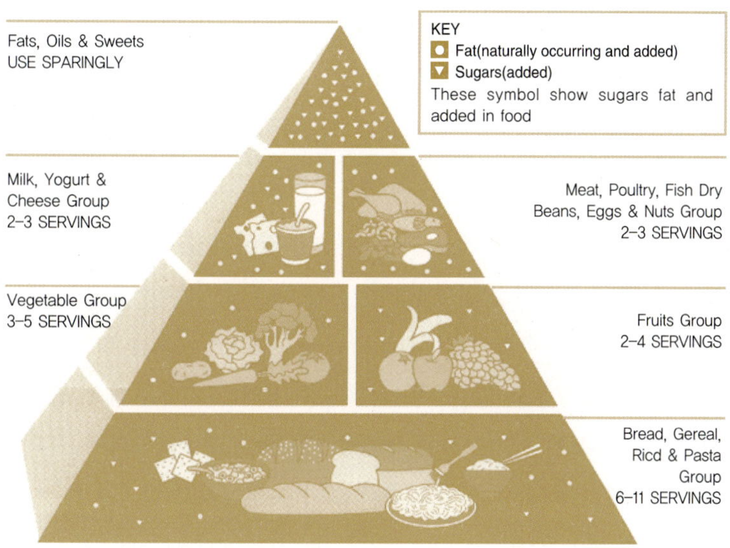

그림 6-1 | 푸드 가이드 피라미드(Food Guide Pyramid : 미국)

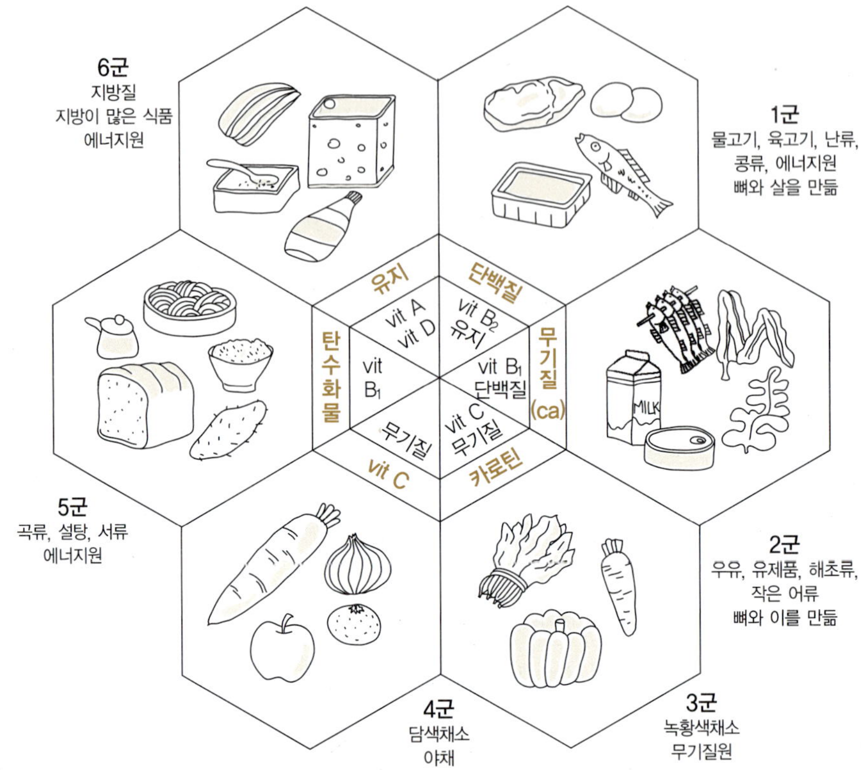

그림 6-2 | 6개의 기본 식품군(일본)

식문화와 기호 및 유행을 반드시 고려해야 한다. 오늘날 음식이 풍부해지고 과학과 유통이 발달함에 따라 음식의 계절적 · 공간적 · 시간적 제약 모두 사라져가고 있으나, 한번 익숙해진 관습과 기호는 쉽게 바뀌기 어렵다. 일본의 경우, 같은 라면의 육수라도 관서지방은 옅은 맛을 좋아하고 관동지방은 진한 맛을 좋아한다. 그래서 관서지방에서는 소금이나 미소로, 관동지방에서는 간장으로 맛을 낸다. 기호를 형성하는 상당 부분은 식문화에 기인하므로 주요 고객층의 식문화를 이해하는 것은 매우 중요하다. 식품가공기술의 발전과 유통기구의 정비에 의해 가공식품이 대량생산되어, 원할 때 자유로이 얻을 수 있게 되면서 미각의 일반화, 대중화가 이루어지고 있기는 하여도 그들만의 기호는 아직 분명히 존재한다.

외식산업에서 메뉴계획은 중요한 위치를 차지하며 업태, 상품, 손님수, 객단가, 시설 등에 따라 모든 외식 시스템이 달라진다. 요리를 직접 주인이 하는지, 요리사를 고용하는지, 고용되는 요리사의 경력과 실력에 따라서도 메뉴의 개발과 계획은 달라진다. 주인이 요리를 하는 경우에는 식재료원가율이 28%, 냉동식품 이용의 경우 30%를 넘지 않도록 유의하고 인기메뉴는 항상 2, 3개씩 갖추는 것이 필요하다는 것도 잊지 말아야 한다.

메뉴를 개발하거나 계획할 때 고려해야 할 또 다른 요소는 소비자의 소비심리 파악과 입지특성의 고려, 목표시장의 명확한 설정 등이 객단가를 변동시키고 이로 인해 영업의 이윤이 다양하게 변화한다.

영양적으로도 균형을 이루도록 한다. 한국인 1일영양권장량 **표 6-3** 과 같은 영양 권장량표나 식품구성 성분표 등을 활용하면 편리하다. 조리법도 균형을 잃지 않도록 유의한다.

표 6-3 | 한국인 1일 영양권장량

연령		체중	신장	에너지	단백질	비타민A	비타민D	비타민E	비타민C
		kg	cm	kcal	g	μgRE	μg	mg -TE	mg
영아	0~4(개월)	5.6	58	500	15(20)	350	5(10)	3	35(50)
	5~11	9.3	73	750	20	350	10	4	35
소아	1~3(세)	14	92	1200	25	350	10	5	40
	4~6	19	111	1600	30	400	10	6	50
	7~9	27	127	1800	40	500	10	7	60
남자	10~12	38	144	2200	55	600	10	8	70
	13~15	54	162	2500	70	700	10	10	70
	16~19	64	172	2700	75	700	10	10	70
	20~29	67	174	2500	70	700	5	10	70
	30~49	68	170	2500	70	700	5	10	70
	50~64	68	168	2300	70	700	10	10	70
	65~74	64	16	2000	65	700	10	10	70
	75 이상	60	166	1800	60	700	10	10	70
여자	10~12	38	144	2000	55	600	10	8	70
	13~15	51	158	2100	65	700	10	10	70
	16~19	54	160	2100	60	700	10	10	70

연령									
20~29		54	161	2000	55	700	5	10	70
30~49		55	158	2000	55	700	5	10	70
50~64		57	157	1900	55	700	10	10	70
65~74		54	154	1700	55	700	10	10	70
75 이상		52	152	1600	55	700	10	10	70
임신	전			+150	+15		+5		+15
	후			+350	+15	+100	+5	+2	+15
수유				+400	+20	+350	+5	+3	+35

연령		비타민B_1	비타민B_2	나이아신	비타민B_6	엽산	칼슘	인	철분	아연
		mg	mg	mgNE	mg	㎍	mg	mg	mg	mg
영아	0~4(개월)	0.2(0.3)	0.3(0.4)	2(3)	0.1(0.2)	60(100)	200(300)	100(200)	8	4
	5~11(개월)	0.4	0.5	5	0.4	70	300	300	8	6
소아	1~3세	0.6	0.7	8	0.5	80	500	500	9	8
	4~6	0.8	1.0	11	0.6	100	600	600	10	9
	7~9	0.9	1.1	12	0.8	150	700	700	12	12
남자	10~12	1.1	1.3	15	1.1	200	800	800	16	12
	13~15	1.3	1.5	17	1.4	250	900	900	16	12
	16~19	1.4	1.6	18	1.5	250	900	900	12	12
	20~29	1.3	1.5	17	1.4	250	700	700	12	12
	30~49	1.3	1.5	17	1.4	250	700	700	12	12
	50~64	1.2	1.4	15	1.4	250	700	700	12	12
	65~74	1.0	1.2	13	1.4	250	700	700	12	12
	75 이상	1.0	1.2	13	1.4	250	700	700	12	12
여자	10~12	1.0	1.2	13	1.1	250	800	800	16	10
	13~15	1.1	1.3	14	1.4	250	800	800	16	10
	16~19	1.1	1.3	14	1.4	250	800	800	16	10
	20~29	1.0	1.2	13	1.4	250	700	700	16	10
	30~49	1.0	1.2	13	1.4	250	700	700	16	10
	50~64	1.0	1.2	13	1.4	250	700	700	12	10
	65~74	1.0	1.2	13	1.4	250	700	700	12	10
	75 이상	1.0	1.2	13	1.4	250	700	700	12	10
	임신 전	+0.3	+0.3	+1	+0.5	+250	+300	+300	+4	+3
	임신 후	+0.4	+0.4	+2	+0.5	+250	+300	+300	+8	+3

자료 영양사협회 www.dietitian.or.kr

지구온난화나 환경호르몬 등의 환경파괴인자가 감소하도록 고려하고 에너지를 최소화하는 방법도 늘 염두에 두어야 한다. 그림 6-3 은 에너지 절약을 독려하는 미국레스토랑협회의 포스터이다.

그림 6-3 | 에너지 절약을 위한 지침들의 예(미국)

메뉴의 기획단계에서부터 작업을 개선하고 일손을 덜며, 철저한 위생관리와 생산성 향상 등에 부응하기 위하여 새로운 조리 시스템을 개발하는 것도 중요하다.

이렇듯 복잡하게 얽혀 있는 메뉴에 영향을 미치는 인자들과 유기적인 관계를 맺고 있는 요인들 중에서도 메뉴를 개발하고 계획하면서 고려해야 하는 가장 기본이 되는 사항은 다음과 같다.

- 목표 고객의 명확한 설정
- 입지나 대상 지역의 특성 파악
- 목표 고객의 소비심리 파악
- 적정한 가격설정

첫 번째, 목표 고객의 명확한 설정은 가장 선행되어야 하는 사항이다. 목표 고객의 명확한 설정이라 함은 고객층의 명확한 파악이 선행되어야 한다는 의미이기도 하다. 메뉴를 선보일 입지의 상권 내 인구수, 연령비율, 소득분포, 사람의 이동흐름의 방향과 수, 교통량의 흐름과 방법들, 주변 상업시설이나 공공시설의 유무를 꼼꼼히 분석해야 하고, 평일과 주말, 공휴일 그리고 계절별 변화도 조사해 놓는 것이 유리하다. 목표 고객의 명확한 설정이 결정되어야 메뉴를 개발하는 것이 훨씬 수월해진다.

두 번째는 입지나 대상 지역의 특성을 파악하는 것이다. 이는 목표 고객을 명확히 설정하는 것만큼 중요한 요소로 입지의 특성을 파악해 놓아야 메뉴개발의 방향성이 정해진다.

세 번째는 목표 고객을 파악하여 소비심리를 분석하는 것이다. 목표 고객의 개인적인 요소들을 분석해 어떤 소비심리를 가지고 있는지 명확한 분석을 할 수 있다면 개발된 메뉴를 계획하여 목표한 영업이익을 달성하는 일은 그리 어려운 일이 아니다.

네 번째, 적정한 가격을 설정하는 것이다. 적정한 가격설정은 메뉴를 개발하거나 계획할 때 가장 민감한 요소이며, 가장 신경 써야 하는 요소이다. 메뉴를 계획해야 하는 레스토랑의 경우에는 평균 고객단가가 어느 정도인가에 따라 영업매출과 목표는 큰 영향을 받게 된다. 평균 고객단가란 손님 1명이 음식에 대해 평균적으로 지불하는 돈의 단가를 지칭하는 말이다. 이러한 고객단가는 보통 점포 전체 평균 고객단가로 계산하나, 점심시간이나 저녁시간, 평일과 주말, 그리고 계절별로 평균 고객단가를 계산해 놓는다면 큰 도움이 된다.

메뉴를 개발하거나 계획할 때는 위의 기본 사항들이 명확해지고 파악이 끝난 후에 메뉴를 개발하거나 계획하도록 한다.

1) 메뉴개발 시 고려사항

메뉴개발을 할 때에는 사회를 파악하고 읽어낼 수 있는 안목이 필요하다. 따라서 메뉴를 개발하기에 앞서 사회 전반의 유행과 트렌드를 먼저 파악해야 한다.

영양적 요인은 식품구성 성분표나 영양권장량 등을 활용하여 개발한다. 결국 영양을 몸에 공급하는 것은 메뉴의 아주 원초적인 의무이며 기능인 것이다.

디자인적 요소로는 메뉴를 담는 식기부터 메뉴가 놓이게 되는 테이블웨어들 그리고 식공간의 조명 등 여러 가지 영향인자를 고려하여 개발하도록 한다.

마케팅의 성공이 결국은 개발된 메뉴의 가치를 높여줄 것이므로 간과하지 않도록 한다.

조리적으로 영양소가 파괴되지 않고, 다른 메뉴들과 중복되지 않으면서 식재료의 맛을 높이는 조리적인 요인을 연구하여 메뉴를 개발할 때 이용한다.

메뉴를 개발하여 결국은 이윤이 남아야 하므로 메뉴원가와 수익성의 관계를 잘 파악해 최대한의 이윤이 남도록 고려한다. 보유하고 있는 조리기기의 활용성을 높이고 작업의 오퍼레이션이 연관성을 가져 그 흐름이 원활하도록 메뉴를 개발한다. 또 식재료를 바르게 이해한 후 식재료를 조화, 배합할 때 메뉴개발은 성공적일 수 있겠다.

고객에게 다양한 메뉴를 선보이도록 개발한다. 메뉴는 매력을 가지고 있어야 고객에게 선택을 받고, 선택을 받아야 평가를 받으며, 평가를 받아야 만족시킬 수 있다. 따라서 메뉴를 개발할 때에는 매력적인 요소의 부각을 늘 염두에 둔다. 독창적인 메뉴는 그 업장의 고유함을 부여할 수 있다. 따라서 메뉴를 개발할 때에 독창적인 메뉴를 개발하는 것이 좋다. 어떤 메뉴를 개발하든지 전체 영업의 콘셉트concept와 기본적인 전체 메뉴의 콘셉트를 벗어나지 않도록 조절한다. 메뉴가 너무 어렵게 느껴진다면, 고객은 쉽게 흥미를 잃는 경우가 많다. 친근하게 다가갈 수 있도록 너무 어려운 메뉴의 개발은 자제하는 것이 좋다.

메뉴를 개발하고 난 후 조리사가 메뉴를 조리하는 것이 불가능하다면 아무런 의미가 없으므로 먼저 조리사의 기술 수준이 어느 정도인지 파악한 후 그에 적당한 메뉴를 개발하는 것이 효율적이다.

표 6-4 | 메뉴개발과 메뉴계획 시 고려사항

분류	고려사항
메뉴개발(menu development)	디자인적 요인 다양성 독창성 매력 마케팅 메뉴의 수준 원가 수익성 식재료 조리기기의 활용성과 연관성 조리학적 요인 조리사의 수준 유행과 트렌드 영양적 요인 콘셉트의 조화
메뉴계획(menu plan)	구색메뉴와 주메뉴의 조화 그룹이용메뉴 물가와 가격 예산 원가 영업목적 영업시간대별 시즌별 계획 유연성과 융통성 원활한 오퍼레이션 실현 수익성 식재료의 활용가능성 식재료의 안전한 공급과 원활한 유통 정부규제나 사회제반여건 특정 계층 메뉴 조리기기와 설비 조리 인력 기술 수준 풍미의 조화

2) 메뉴계획 시 고려사항

영업목적이 어느 쪽에 더 중점을 둬야 하는지를 파악하는 것이 메뉴를 계획할 때에는 매우 중요하다. 즉 고객의 수를 증가시키는 것이 더 중요한지, 시장을 개척하는 것이 더 중요한지, 새로운 고객을 유입시키는 것이 더 중요한지 등, 먼저 그 영업목적을 명확히 하고 메뉴를 계획하도록 한다.

메뉴를 계획할 때에는 시간대별 계획이 필요하다. 아침메뉴의 아이템으로는 주요 고객층이 보통 샐러리맨이나 싱글족, 여성 직장인들이 많으므로 짧은 시간 내 서비스, 비싸지 않은 가격과 편리한 테이크아웃, 먹기 간편하고 치우기 쉬운 것이 좋다.

또 브런치의 경우 주로 여성고객과 비즈니스맨들이 주요 목표 고객이므로 아침보다는 많이 점심보다는 간단히 계획하는 것이 좋다. 브런치는 점점 수요가 늘어나고 있는 추세이며, 커피와 티 같은 기호식품과 디저트를 함께 곁들이는 것도 좋은 방법이다. 점심메뉴는 주로 샐러리맨이 목표 고객이 된다. 적지 않은 양을 싼 가격으로 제공하는 것이 가장 좋고, 시간도 너무 길게 뺏지 않는 것이 좋다. 세트메뉴를 개발하는 방법도 좋은 방법이며, 짧은 조리시간으로 단시간에 여러 명의 손님을 상대할 수 있는 조리법의 개발도 효율성을 부여한다. 저녁메뉴는 회식이나 일반 술자리, 만남 등 다른 시간대에 비해 목표 고객층이 다양하다. 술과 함께 먹을 수 있는 메뉴를 계획하는 것이 좋고, 여러 종류의 다양한 메뉴계획이 가능해진다. 가격은 다른 시간대에 비해 자유롭게 계획한다.

메뉴를 계획할 때에는 전체적인 메뉴의 풍미를 조화롭게 맞추도록 노력한다. 달고 짭짤하고 씁쓸하고 시고 매운맛이 고루 존재하도록 메뉴를 계획한다.

여러 가지 중요한 요소가 많지만 예산만큼 중요한 요소는 없다. 메뉴를 계획할 때에는 예산의 범위를 넘지 않도록 각별히 유의한다. 아무리 잘된 메뉴계획도 예산을 넘는다면, 의미가 없다는 것을 잊지 않도록 한다.

메뉴를 계획할 때 치밀하게 체크하고 계획해야 하는 것이 원활한 오퍼레이션 실현이다. 한 번 정해진 오퍼레이션은 쉽게 수정할 수 없다. 습관으로 굳어지기 때문이다. 따라서 처음에 메뉴를 계획할 때부터 계산을 명확하게 하여, 시간을 절약하고 힘을 아끼며 전체적인 영업장의 흐름이 원활하도록 메뉴를 계획하는 것이 중요하다.

식재료는 매우 예민한 요소로, 기상변화나 사회 제반여건의 변동에 따라 쉽게 가격이 변화하고 유통망이 흔들린다. 따라서 메뉴를 계획할 때에는 식재료의 안정적인 공급이 가능한지, 유통에 문제가 없는지 체크하고, 혹시 있을지 모르는 긴급 상황에 대비하여 준비하도록 한다.

메뉴를 계획할 때에는 탄력적 사고가 필요하다. 따라서 유연하고 탄력적인 사고는 메뉴의 다양성을 향상시키고, 향상된 다양성은 고객에게 새로운 기쁨을 선사할 수 있다.

메뉴를 계획할 때에는 특정계층, 즉 노인층, 어린이층 등을 위한 메뉴나 여러 가지 목적의 그룹, 회식, 동아리 등을 위한 메뉴를 계획하는 것이 매출상승에 도움이 된다.

다양한 인력이 투입될 수 있도록 융통성을 가지고 메뉴를 계획해야 유연함이 형성된다. 메뉴를 계획할 때에는 전체적인 수익성이 높아질 수 있도록 각 아이템의 원가와 수익성을 조율한다.

조리기기와 설비파악을 한 후 메뉴를 계획해야 원활한 오퍼레이션이 이루어진다. 이는 곧 감가상각비가 감소하며 회전율을 높이고 결국 매출상승과 이윤증가로 이어진다.

원활한 식재료 구입 유통망 파악으로 식재료의 공급이 끊이지 않고 그 품질이 유지되도록 메뉴를 계획한다.

메뉴를 계획할 때에는 메뉴 간 식재료가 서로 활용가능하도록 하여 식재료비를 통한 전체 원가를 줄이도록 노력한다.

적절한 포지셔닝과 요인들을 통해 메뉴의 매력의 정도를 높일 수 있도록 메뉴를 계획한다.

메뉴를 계획할 때에는 영업에 가장 큰 공헌을 하는 주 메뉴를 명확히 파악하여 확실히 주 메뉴의 구실을 할 수 있도록 도와주어야 한다.

메뉴를 계획할 때에는 구색메뉴 또한 필요한데, 구색메뉴라 함은 주 메뉴는 아니지만 자주 고객이 필요로 하는 메뉴를 지칭한다. 예를 들어 밥이라든지, 소주, 콜라 같은 아이템들이 흔히 이 구색메뉴에 들어간다. 적절한 구색메뉴를 계획하여 메뉴계획의 전체적인 균형을 맞추도록 한다. 메뉴를 계획할 때에는 조리인력의 기술수준을 파악하고 메뉴의 수준을 맞추도록 노력한다.

3. 기본 원칙

메뉴를 개발하고 계획하는 기본원칙은 결국 건강, 기호, 문화, 경영, 환경이 모두 고려되어 고객이 만족감을 느낄 수 있도록 해야 한다는 것이다.

메뉴개발과 메뉴계획의 기본원칙에 동일하게 해당되는 동일조리법 중복 지양은 고객에게 맛의 다양성을 제공한다는 장점은 있으나 다른 측면으로는 너무 다른 조리법과 기물 사용으로 효율성이 떨어질 가능성이 있고 음식의 대기시간이 늘어날 가능성이 있으며, 이로 인해 전체 회전율이 낮아지고, 노동력이 더 필요하게 되어, 결국 원가가 상승하여 전체 이윤의 감소를 가져올 가능성이 있다는 것 또한 간과하지 말아야 한다. 따라서 상황에 맞는 적절한 조절이 필요하다.

모든 요소의 전체적인 균형이라 함은 전체적으로 풍미의 균형을 맞춘다든지, 조리법의 균형을 맞춘다든지 하는 것이다. 그중에서도 요리순서의 균형이 중요한데, 이는 즉 가벼운 메뉴가 있다면 무거운 메뉴가 있어야 하고, 야채가 있으면 고기가 있어야 하고, 단것이 있다면 쓴맛도 필요하다는 것이다. 이 균형들을 조화롭게 배치할 때, 메뉴계획은 성공할 가능성이 크다.

표 6-5 | 메뉴개발과 메뉴계획의 기본원칙

분류	기본원칙
메뉴개발 (menu development)	동일재료 중복 지양 동일조리법 중복 지양 유사소스 사용 지양 요리장식의 다양성 유행과 트렌드 반영 조리기물의 다양한 사용 조리사의 기술수준과 메뉴기술의 조화
메뉴계획 (menu plan)	영업목표 이윤추구 동일재료 중복 지양 주 메뉴와 구색메뉴 균형 모든 요소의 전체적 균형 동일조리법 중복 지양 원활한 오퍼레이션 식품위생 원활하고 안정적인 유통 사회제반 법규와 여건

4. 메뉴 영향인자 및 변수

1) 쉐칭의 모형

메뉴의 영향요소를 크게 식당과 서비스로 나누어, 식당의 형태, 주방의 크기와 시설물, 저장고의 크기, 식기의 종류와 수, 서비스 관련품목, 인원수와 인건비, 재료의 질, 재료투입 비용과 서비스의 종류, 고객수, 좌석수, 각 고객 음식의 이윤, 식당 분위기, 잠정고객의 수, 좌석배열, 가격레벨 그리고 종사원의 교육수준과 식당 결산과정 등이 쉐칭Schaetzing에 의하여 메뉴의 영향요소로 제시되었다.

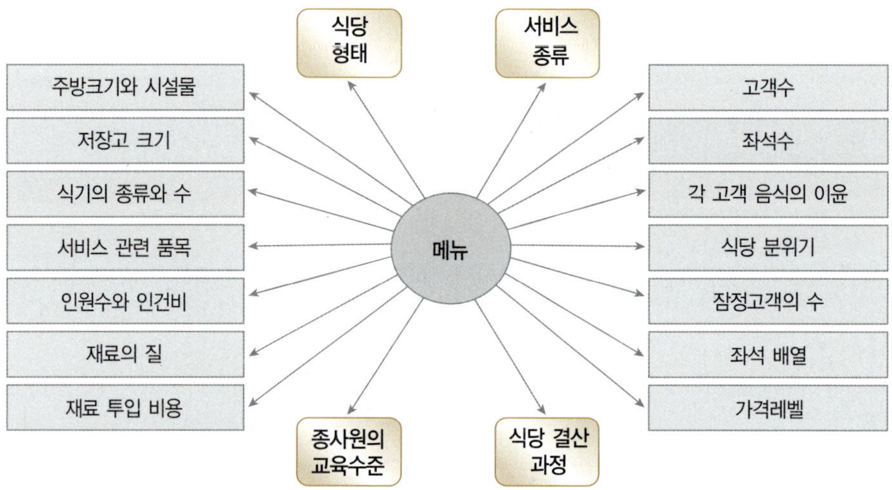

그림 6-4 | 쉐칭의 메뉴 영향요소 모형

2) 나인마이어의 모형

나인마이어Ninemeier는 메뉴계획자가 우선 고려해야 하는 사항을 중심에 두고, 고객의 측면과 메뉴품목의 품질 측면을 나누어 메뉴 영향요소 모형을 제시하였다.

메뉴영향요소 모형에 따르면 메뉴계획자가 우선 고려해야 하는 사항으로는 고객, 품목의 품질, 원가, 유효성, 공중보건위생, 레이아웃 관계, 설비 관계 그리고 생산최대량과 경영관계가 있다. 고객의 측면에서 고려해야 하는 사항은 고객의 욕구와 필요, 가치개념, 품목가격, 특성을 보는 목적, 사회, 경제적 요소, 인구 통계적 관계, 인종적 요소, 종교적 요소 등이 있다. 메뉴품목의 품질 측면에서 고려해야 하는 사항으로는 풍미, 일관성, 구조, 형태, 종류, 영양적 구성, 시각적 매력, 후각적 매력 그리고 온도 등이 있다.

그림 6-5 | 나인마이어의 메뉴 영향요소 모형

3) 마무드의 모형

마무드Mahmood는 메뉴를 고객과 관리의 측면으로 나누어, 고객의 측면에는 음식의 특성과 감각적 속성, 음식의 습관적 선호, 영양적 요구를, 관리의 측면으로는 조직의 목표와 목적, 식자재의 공급 시장조건, 예산, 시설과 장비, 종사원의 기능 그리고 생산형태와 서비스 시스템을 메뉴 영향요소로 모형을 제시하였다.

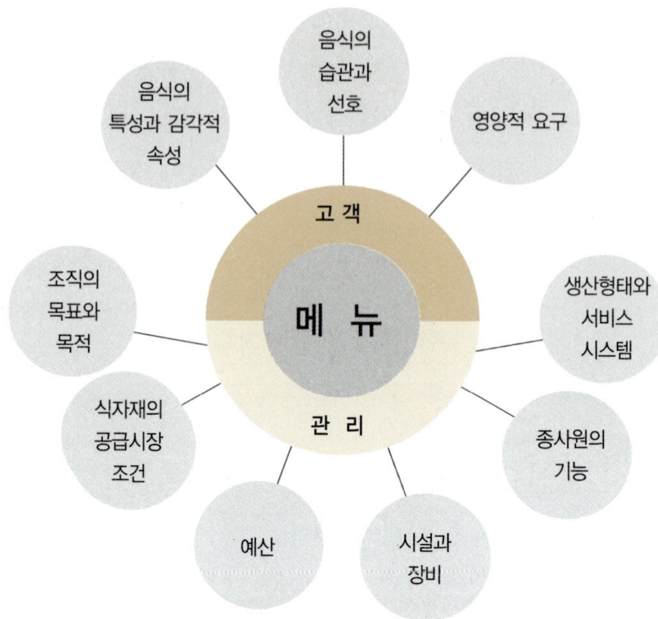

그림 6-6 | 마무드의 메뉴 영향요소 모형

4) 변수

메뉴개발과 계획에 영향을 미치는 인자와 더불어 공급자와 수요자의 관점에 있어서도 고려해야 할 여러 가지 변수가 있다 표 6-6 .

다음에 제시된 사항 이외에도 수많은 변수는 늘 존재하고 발생할 수 있으므로, 늘 변수에 대하여 잘 체크하고 준비하여 상황에 따라 유연하게 대처하도록 한다.

표 6-6 | 메뉴개발과 계획에 영향을 미치는 변수

분류	변수
공급자(관리자)의 관점	예산 식자재의 공급시장 생산 타입과 서비스 시스템 시설과 장비 종사원의 스킬 조직의 목적과 목표
수요자(고객)의 관점	광고 기후와 계절 기대수준 다른 사람 영양적 요구 음식에 대한 선호와 습관 영업장 내 환경(기온, 습도, 냄새 등) 음식(음식의 외관, 서빙온도 등) 사회적 상황(체면, 명예, 종교 등) 생리적 요인(병, 특이체질, 알레르기 등)

5. 메뉴 표준화

1) 정의

메뉴의 표준화는 개발된 음식의 레시피recipe는 물론, 관계된 것들을 규격화하고 문서화하여 다른 것의 기준으로 삼고, 다른 이들을 교육하기 위하여 매뉴얼화하는 것을 말한다.

2) 역할

메뉴를 표준화함으로써, 어떤 작업자가 배치되더라도 같은 품질을 고객에게 제공할 수 있으며, 새로운 작업자에게 교육을 할 때 시간과 수고가 덜어지고, 고객의 입장에서는 같은 품질의 메뉴를 공급받음으로써 신뢰가 형성된다.

3) 고려사항

메뉴를 표준화할 때에는 용어 선택에 있어, 공식적인 언어를 사용하는 것이 좋고, 어떤 작업자라도 이해할 수 있는 간단하고 쉬운 용어를 사용하는 것이 좋다. 너무 어려운 전문용어의 사용은 작업자를 제한할 수 있고, 도리어 그 용어를 설명해야 하는 시간적 낭비를 불러올 수 있어 메뉴 표준화의 의미를 퇴색시킬 수 있으므로 유의한다.

메뉴를 표준화할 때에는 되도록이면 1인분을 기준으로 작성하는 것이 좋다. 부득이 하게 많은 고객을 한꺼번에 상대해야 하는 경우에는 10인분을 기준으로 삼기도 하지만, 대체적으로 1인분을 기준으로 하는 것이 가장 이상적인 방법이다.

- 쉬운 용어 선택
- 1인분 기준
- 계량단위의 통일
- 비주얼 요소 삽입

또한 메뉴를 표준화할 때에는 계량단위를 통일하도록 한다. 계량단위가 통일되지 않았을 때에는 큰 혼란을 야기할 수도 있다. 되도록 주방에서 사용하는 기구의 계량 단위를 통일하는 것이 바람직하다.

메뉴를 표준화할 때에는 꼭 비주얼 요소를 삽입한다. 한 장의 그림이나 사진은 백 마디 말보다 수천 자의 글보다 의미를 잘 전달할 수 있다. 따라서 꼭 비주얼 요소를 최소한 한 가지 이상 삽입하여 작업자의 이해를 돕는다. 비주얼 요소는 그림이나 사진 등 어떠한 것이라도 좋다.

4) 과정

매뉴얼화를 할 때에는 우선, 보유하고 있는 조리기구와 기물을 파악하고, 작업하는 종사원의 기술수준을 파악한 후, 모든 수준을 아우르는 레시피를 개발한다. 레시피를 개발한 후, 1인분 기준으로 양과 계량 등을 정비하고, 계량단위와 용어를 쉬운 말로 표현해 일치시킨다. 마무리하기 전 비주얼 요소를 삽입하여 매뉴얼화를 마무리한다.

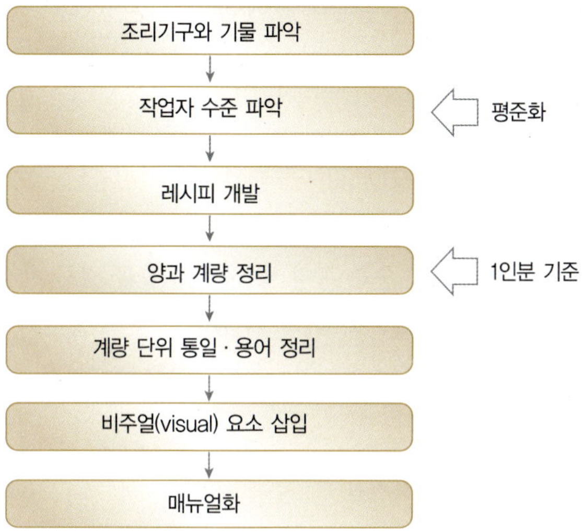

그림 6-7 | 매뉴얼화 과정

6. 메뉴기획 · 개발 · 계획의 과정

메뉴를 개발하고 계획하기 위해 기본적으로 점검해야 하는 기본 점검사항은 원가와 유행, 설비, 기술, 기록 등이다.

원가는 가장 중요한 요소로서, 메뉴를 개발할 때 메뉴의 원가가 일정 % 이상을 넘는다면 상품이 아무리 많이 판매되어도 이윤을 기대하기 어렵기 때문이다. 보통 식재료 같은 경우, 식재료원가율이 28%, 냉동식품 이용의 경우 30%를 넘지 않도록 유의한다.

유행과 트렌드를 읽어낼 수 있어야 사회를 구성하고 있는 고객의 소비심리를 이해하는 것이기에 유행을 간과해서는 안된다.

메뉴를 개발하였을 때 구현할 수 있는 적당한 설비가 갖추어져 있는지, 그 설비를 갖추어야 한다면 예산 안에서 가능한지 살펴본다.

조리사의 기술이 메뉴개발에서 제안한 기술을 커버할 수 있는지 체크한다. 아무리 뛰어난 메뉴개발도 조리사의 기술이 뒷받침되지 못한다면 역효과를 불러올 수 있다.

메뉴개발의 아이디어 도출이나 메뉴 표준화를 위해서 기록은 매우 중요하므로 아무리 작은 것이라도 꼼꼼히 기록하는 습관이 몸에 배도록 훈련한다.

이렇게 메뉴를 개발하고 계획하는 과정을 메뉴개발과정 **그림 6-8** 과 메뉴계획과정 **그림 6-9** 에 나타내었다.

메뉴를 개발할 때에는 우선, 여러 가지 자료를 수집하여 시장조사를 통한 시장분석을 한다. 이렇게 조사 작업이 끝나면, 메뉴의 콘셉트menu concept를 확정한다. 메뉴 콘셉트가 확정되면, 종사원의 기술 수준 파악 및 재료의 유통 경로 파악, 원가 파악 등을 통해, 시장성 및 실현가능성이 있는지 먼저 체크한다. 모든 체크가 끝나면 메뉴의 영양, 조리법 등에 문제가 없는지, 더하거나 덜하지 않았는지, 다른 요소들과 균형이 이

그림 6-8 | 메뉴개발 과정

시장 조사와 분석
타깃 분석
입지 분석
경쟁사 분석
예산 파악
콘셉트 확정
균형과 다양성 확인
유통 경로 확인
원가 분석
가격 결정
메뉴 계획
마케팅 계획
수정
보완
메뉴계획 확정
디자인 결정
수정
보완
표준화

그림 6-9 | 메뉴계획 과정

루어지는지를 결정하고, 디자인에 관련된 콘셉트를 확정한다. 이렇게 메뉴가 개발되면, 확정되기까지 여러 차례 수정과 보완을 거친다. 마침내 확정된 메뉴를 표준화하면 메뉴개발은 완성된다.

메뉴를 계획하기 위하여 시장, 목표고객, 입지 그리고 경쟁자를 조사 분석하고, 예산을 파악한 후 콘셉트를 확정한다. 확정된 콘셉트가 균형과 다양성을 유지하고 있는지 확인하면, 유통경로에 문제점이 없는지 체크하고, 원가분석 후 가격결정을 하고 메뉴계획을 1차적으로 세운다. 이에 따라 마케팅계획marketing plan이 구체화되면, 여러 차례 수정과 보완을 거치고, 디자인을 고려하여 표준화를 끝낸다.

Tip

뷔페 메뉴계획 작성 시 고려사항

1인분 가격의 책정, 적당한 산출근거 파악, 교체 가능한 인기 메뉴품목 계획, 품질사수
음식의 부족문제 사전점검 등

아웃소싱의 장점

경쟁력 향상효과, 위기대처능력 향상, 가치창출, 비용절감 등

*참고문헌

김경임 外. 푸드코디네이션개론. 파워북, 2007
김운주 外 옮김. 푸드코디네이트론. 시그마프레스, 2005
나정기. 메뉴관리의 이해. 백산출판사, 2004
영양사협회 www.dietitian.or.kr
이정실. 외식기업경영론. 기문사, 2007
조용범 外. 신 메뉴관리론. 대왕사, 2007
최영준 外. 메뉴관리론. 대왕사, 2006
영양사협회 www.dietitian.or.kr

Home and Garden Bulletin No.252, 1992,August
Human Nutrition Information Service, "USDA Food Guide Pyramid" ,
Kim Eun Ju 外. Foodservice Management. 형설, 2005
Marian C. Spears & Mary B. Gregoire. Foodservice Organizations Fifth Edition. PEASON Prentice Hall, 2004
National Restaurant Association Catalog of Publications

全局調理師養成施設協會. 調理師教科全書, 第7巻
日本フードヌペシャリヌト協會編. フードコーディネート論 I. 建帛社, 2000

메뉴상품화의 이해

Chapter 7

1. 메뉴상품화의 이해
2. 메뉴상품 생명주기
3. 메뉴상품 포지셔닝
4. 메뉴상품화 마케팅

1. 메뉴상품화의 이해

1) 메뉴상품화의 정의

메뉴상품화란 경제적 대가를 받고 판매할 수 있는 가치들을 메뉴에 부여하는 작업을 의미한다. 즉 메뉴에 유형적 · 무형적 요소를 모두 집약시켜 상품으로서 손색이 없도록 작업하는 과정을 의미한다. 상품화된 메뉴를 제공받은 고객은 상품화가 되지 않은 메뉴를 제공받은 고객에 비해 더 큰 만족감을 느낄 것이다. 이는 고객이 지불한 경제적 대가에 준하거나 아니면 더 받았다는 느낌으로 연결되어 고객이 메뉴로부터 전해 받는 만족감은 배가된다. 이렇듯 메뉴에 영향을 미치는 요소나 유기적으로 연관된 요소들을 잘 조율하여 상품으로 만드는 작업이 바로 메뉴상품화이다.

일반메뉴와 상품하된 메뉴의 가장 큰 차이점은 교환가치, 즉 경제적 화폐가치를 지

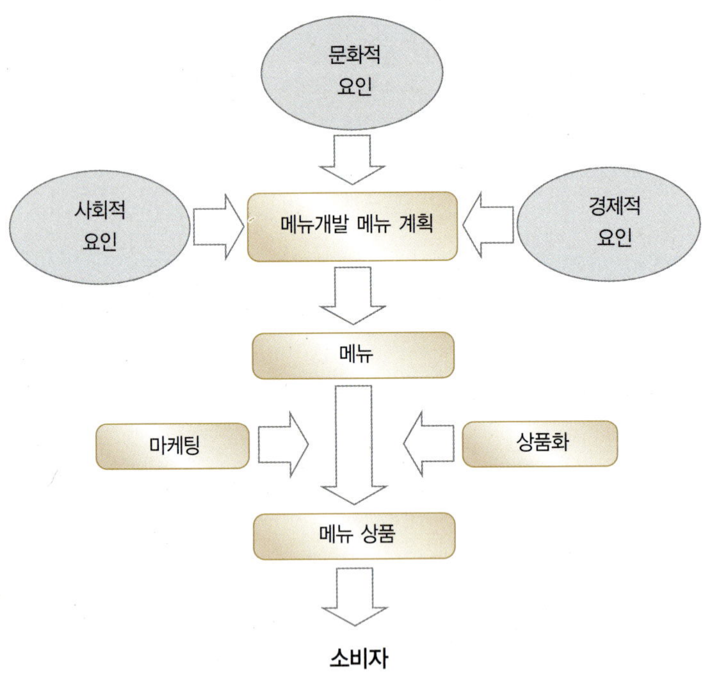

그림 7-1 | 메뉴상품화 과정

니고 있느냐이다. 상품commodity의 사전적 의미만 보더라도 "매매의 대상이 될 수 있는 유형, 무형의 모든 재산을 말한다"라고 되어 있다. 즉 핵심 화두는 '매매'인 것이다. 결국 메뉴상품화란 메뉴가 '매매' 대상이 될 수 있도록, 즉 화폐와 교환될 수 있는 가치가 부가되도록 메뉴에 유형 · 무형의 모든 요소를 적용하는 것이다.

문화 · 사회 · 경제적인 요인에 유기적인 영향을 받으면서 메뉴기획, 개발과 계획을 통해 메뉴가 완성되면, 그 메뉴는 소비자에게 공급되기 전에 반드시 마케팅과 상품화의 개념을 더하여 '메뉴상품'으로 거듭난 후 소비자에게 공급되어야 소비자에게 인정받는 가치와 매력으로 고객의 만족을 이끌어낼 수 있다.

2) 메뉴상품화에 영향을 주는 요인

메뉴상품화에 영향을 주는 요인은 다양하다. 메뉴를 상품화하는 내부요인과 상품화하여 '매매'가 이루어져야 하는 외부요인으로 나누어 살펴보면 다음과 같다.

(1) 내부 요인

메뉴를 상품화하는 내부의 요인으로 메뉴상품화에 영향을 주는 것은 매출, 예산, 식재료의 활용, 설비의 활용, 조리자의 기술수준, 새로운 기술개발 등이다. 그중 몇 가지를 자세히 살펴보기로 하자.

❶ **매출** | 예상되는 매출, 과거 매출현황자료 또는 현재 영업장의 매출현황에 따라 메뉴상품화의 시기와 필요량이 달라질 수 있다.

❷ **예산** | 메뉴를 공급하는 공급자의 예산에서 어느 정도가 상품화에 투자될 수 있는지에 따라 상품화는 영향을 받게 된다. 메뉴상품화는 직접적이고 즉각적으로 매출상승의 효과가 나타나지 않을 수는 있으나, 그래도 매출상승의 기대치를 높이기 때문에 예산의 여유없이 상품화를 진행한다는 것은 현실적인 어려움이 따른다.

❸ **식재료의 활용** | 식재료 중 특별히 재고를 처리해야 하거나, 유통라인을 잡아 식재료의 값싼 공급이 가능하다면, 그 식재료를 활용한 메뉴의 상품화는 영업 목표를 달성하

는 데 매우 중요한 도구가 될 수 있다.

❹ 설비의 활용 | 메뉴의 상품화를 고려할 때, 기존의 설비와 기물을 이용한 방법을 고려하여야 하며, 상품화를 기획하면서 새로운 설비와 기물을 들여야 한다면 자칫 손해를 보기 쉽다. 보통 설비나 기물들은 가격이 비싼데, 메뉴의 상품화 과정 중 새로운 설비나 기물을 들인다면 필히 원가가 올라가게 되고 가격이 상승하여 상품으로서의 가치를 잃어 그 메뉴의 상품화가 이루어지지 않을 가능성은 커진다. 따라서 기존의 설비와 기물을 활용하는 수준에서 메뉴의 상품화를 진행하도록 노력한다.

❺ 조리자의 기술수준 | 메뉴의 상품화 기획 시, 그 메뉴 자체를 만들게 될 조리자의 기술수준은 꼭 염두에 두어야 하는 중요한 요소이다. 조리자의 기술수준이 맞지 않을 경우, 메뉴를 상품화하여도 메뉴구현 가능성이 떨어져 상품화의 가치가 없어질 가능성이 크기 때문이다.

❻ 새로운 기술개발 | 메뉴의 상품화를 위해서는 늘 새로운 기술을 연구하고 개발하려는 자세가 필요하다. 그리고 가장 중요한 것은 기록하는 것이다. 새로운 기술의 개발은 획기적인 메뉴상품을 탄생시킬 수 있는 중요한 요인이기 때문이다.

(2) 외부 요인

메뉴의 상품화에 영향을 주는 외부 요인은 고객의 요구, 유행과 트렌드, 경쟁사와 시장점유율 현황, 사회변화, 유통의 변화, 법률의 변화 등 다양하다. 그중 몇 가지를 살펴보면 다음과 같다.

❶ 고객의 요구 | 상품을 구매하는 고객층의 다양한 요구를 파악하여 메뉴를 상품화해야 하는 것은 기본 상식이다. 목표 고객의 요구 없이 메뉴상품을 개발하는 것은 예산을 낭비하는 행위일 뿐이다.

❷ 유행과 트렌드 | 유행과 트렌드는 매우 빠르게 변화한다. 외부에서 빠르게 변화하고

진화하는 유행과 트렌드를 잘 파악하기 위해 사회를 읽을 수 있는 눈을 가지고 있어야 한다 이런 유행과 트렌드는 메뉴상품화에 커다란 영향을 주는 요인이므로 늘 주위 깊게 살펴보아야 한다.

❸ 경쟁사, 시장점유율 현황 | 만약 경쟁사가 있다면, 그 경쟁사의 변화를 주의 깊게 연구해야 한다. 그 변화가 시장점유율과 관련이 있다면 어떠한 상관관계가 있는지 연구하고 어느 정도 시장에서 영향력을 펼치고 있는지 분석하여 결과가 도출될 때 메뉴상품화의 접근은 수월해진다.

❹ 사회변화 | 현대사회는 계속 변화하고 그에 따라 라이프스타일도 변화하고 있다. 또한 경제구조의 변화를 가져와 소비패턴 또한 변화하고 있다. 메뉴상품화를 하려면 이러한 사회변화를 유심히 살펴보고 분석하는 것이 중요하고, 그 분석 결과를 메뉴상품화에 적용하여 활용하도록 노력한다.

❺ 유통의 변화 | 영업에 직접적인 영향을 주는 유통의 변화가 없는지 늘 살피는 태도가 중요하다. 유통의 변화는 메뉴상품화 중 가장 민감한 가격과 공급에 직결되므로 늘 주의 깊게 체크하도록 한다.

❻ 환경과 법규의 변화 | 식품관련 법규는 사회적 요구와 변화에 맞추어 계속 개정을 거듭하고 있다. 또한 이러한 움직임에 가장 민감하게 영향을 받는 식(食)에 관련된 법규도 시시각각 변화한다. 이에 따라 메뉴상품화에 지장이 없도록 항상 유의한다.

2. 메뉴상품 생명주기

1) 생명주기의 개념

상품의 생명주기product life cycle : PLC란 인간이 유년기, 청소년기, 청년기, 장년기, 중년기, 노년기를 거치는 것처럼 시장에 출시되는 모든 제품은 일정한 생명주기를 가지고 있다는 이론으로 한 제품이 시장에 도입되어 그 시장에서 사라질 때까지 거치게 되는 매출과 이익의 변화과정을 말한다.

PLC에 대한 주기의 단계를 여러 학자가 이론으로 제시하고 있는데 대체적으로 4단계법을 주로 사용한다. 그것은 '도입기–성장기–성숙기–쇠퇴기' 의 개념이다.

인간이나 생명체도 주기가 있고 언어도 주기가 있는 것처럼 메뉴상품 또한 주기가 있다.

이런 메뉴상품의 주기를 이해하게 될 때, 쇠퇴기처럼 메뉴상품의 생명이 다하는 시점의 연장도 가능하게 될 것이다.

표 7–1 | 학자별 제품 수명주기 구분의 학설

대표적인 제안자	단계구분	단계
W.Alderson	3단계	확립–확장–정리
R.M.Fulmer	4단계	도입–성장–성숙–쇠퇴
L.J.Rosenberg	5단계	도입–성장–성숙–포화–쇠퇴
R.H.Buskirk	6단계	개발–도입–성장–성숙–포화–쇠퇴 도입–성장–성숙–포화–쇠퇴–폐기

Tip

외식업체주기

성장(growth) → 성숙(maturity) → 유지(maintenance) → 쇠퇴(decline) → 전환(transition)

2) 생명주기 그래프의 구분

생명주기 그래프는 다양한 모양을 하고 있지만, 대체적으로 완만한 S자형을 가지고 있다. 이런 생명주기를 구분하는 기준은 상품 판매량의 증감, 영업 이윤의 증감 등이지만, 이 모든 것은 매우 탄력적으로 여러 가지 요인에 의해 변화무쌍하다.

유행생명주기는 말 그대로 메뉴상품이 짧은 기간 동안 소비자에게 인기가 있다가 곧 사라져 이후에는 찾아보기 힘든 경우를 말한다. 장수생명주기는 상품이 오랜 기간 꾸준히 소비자들의 사랑을 받아 구매되는 주기를 의미한다. 그 외에 순환적생명주기처럼 일정기간을 주기로 순환되는 패턴을 가진 경우와 연속성장형생명주기처럼 일정시점에 계속 새로운 매력이나 용도 그리고 소비자가 증가하여 꾸준히 성장하는 생명주기를 가진 상품 등이 있다.

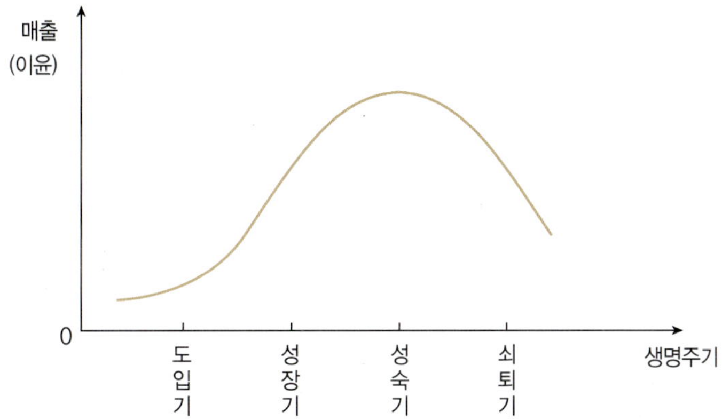

그림 7-2 | 전형적인 상품의 생명주기 그래프

3) 생명주기의 단계별 특징과 전략

(1) 도입기 Introduction stage

메뉴상품을 알리는 것은 시간이 걸리는 작업이므로 판매와 성장은 완만하게 이루어진다. 처음 시장에 알려지는 시기이기에 메뉴상품에 대한 고객의 인지도나 이해도가 낮은 상태이므로 당연히 수요도 적게 이루어지는 것이다.

보통 도입기에는 너무 복잡하게 메뉴상품을 개발하지 않고, 단순하고 기본에 충실한 이미지를 중심으로 개발하는 것이 고객의 낮은 인지도를 끌어올리는 데 유리하다. 가격의 경우에는 무엇보다도 세밀하게 전략을 짜는 것이 중요한데, 이는 한 번 설정된 가격에 대한 이미지는 소비자에게 그 어떤 요소보다도 민감하게 기억되기 때문이다.

(2) 성장기 Growth stage

성장기에 들어서게 되면 메뉴상품의 판매량은 급격히 증가하게 된다. 메뉴상품에 대한 고객들의 이해도가 어느 정도 확립되었고, 인지도 또한 상승하였기 때문에 당연히 수요도 많아지게 되는데, 이런 현상은 완만하게 이루어지기보다는 급격히 나타나게 된다.

성장기에 들어서게 되는 메뉴상품은 소비자들의 다양한 요구와 만나게 된다. 따라서 여러 가지 측면으로 제품의 매력을 높이고 다른 경쟁자와 뒤처지지 않도록 차별화하며, 품질 향상이 지속되도록 노력해야 한다. 또한 가격은 민감한 부분이므로 경쟁력을 잃지 않도록 조심하면서 조정하도록 한다. 또한 성장기에 들어서면 도입기와는 다르게 프로모션promotion의 의미가 커지게 되므로 상황에 맞는 적절한 홍보를 활용하는 것이 좋다.

(3) 성숙기 Maturity stage

성숙기에 들어서면 많은 고객이 이미 메뉴상품에 대한 경험이 있는 상태에 이른다. 이 시기는 도입기나 성장기에 비해 시간은 오래 지속되나, 수요가 어느 정도 포화상태이기 때문에 급격한 성장은 이루어지지 않는다. 신규 고객보다는 기존 고객의 재수요가 더 많아지는 상태이다.

성숙기에 들어선 메뉴상품은 새로운 고객층을 개척하기 위하여 노력하거나, 기존 고객들의 수요를 늘리기 위한 전략을 개발하거나, 그 메뉴가 가지고 있는데 그동안 부각되지 못했던 매력을 어필하거나, 품질을 향상시키는 방법 등을 통해 상품 판매를 위한 새로운 길을 개척해야 한다.

새로운 유통경로를 개척하는 방법이나 새로운 판매 촉진 수단을 개발하는 것도 좋은 전략이 된다.

(4) 쇠퇴기 Decline stage

쇠퇴기에 이르면 메뉴상품의 인기는 현저히 떨어지고 수요량도 급감한다. 그 메뉴상품을 특별히 선호하는 고객을 제외하고는 수요의 욕구가 떨어지므로 매출은 눈에 띄게 하향세로 돌아선다. 이렇게 하향세로 돌아서는 것이 과연 진정한 쇠퇴기인지, 어떤 다른 요인에 의한 순간적인 하향세인지를 파악하는 것이 가장 중요하다. 만약 쇠퇴기로 판단이 서게 되면 되도록 빨리 그 메뉴상품을 철수하거나, 최소한의 비용으로 판매를 촉진시킬 수 있는 방법을 연구하거나, 아니면 전혀 색다른 재활성화 전략을 세워 다시 시장을 공략하는 것이 좋다.

4) 생명주기 연장방법과 한계

생명주기를 연장하는 방법으로는 품질을 개선하거나, 제품에 새로운 성격을 부여하거나, 제품의 새로운 이미지를 부여하거나, 아예 상품명을 바꾸거나, 아니면 새로운 고객층을 다시 발굴하는 것 등이 있다.

❶ **품질개선** | 메뉴상품의 품질을 더 높게 개선하는 방법으로, 이 방법을 통하여 메뉴상품의 고객만족도를 높여 생명주기를 연장하는 방법이다.

❷ **새로운 성격부여** | 메뉴상품의 분석을 통해, 목표 고객이 원하는 다른 성격을 추가함으로써 메뉴상품의 고객 선호도를 높여 생명주기를 연장하는 방법이다. 즉 젊은 남녀 모든 층에게 인기가 있던 메뉴상품이라면, 커플 메뉴 등을 기획하여 가격을 조정하거나, 다른 이벤트를 주어 기존의 성격과는 다른 성격을 주는 것이다. 메뉴상품의 내용은 변하지 않았으나 다른 관점으로 접근하여 매력과 선호도를 높이는 방법이다.

❸ **새로운 이미지 창조** | 같은 메뉴상품이라도 식기나 테이블웨어tableware 등을 바꾼다든지 아이덴티티identity 이미지를 바꿔, 디자인의 변화를 통해 새로운 이미지를 부여함으로써 상품의 생명주기를 연장하는 방법이다.

❹ **메뉴 상품명 변화** | 메뉴 이름을 바꿈으로써 신선함을 부여하여 상품의 생명주기를 연장하는 방법이다. 이때 주의할 점은, 메뉴상품을 전혀 변화시키지 않고 메뉴명만을 바꾸었을 때에는 고객들의 반감이 커질 수 있으므로 약간의 메뉴상품 자체의 수정 변화도 필요하다.

❺ **새로운 고객층 발굴** | 기존의 고객은 아니었지만, 그 메뉴상품에 매력을 느낄 수 있을 만한 새로운 고객층을 발굴하여 메뉴의 생명주기를 연장시키는 방법이다.

상품의 생명주기를 적용하는 것이 항상 이론과 정확하게 일치하는 것은 아니다. 예상치 못했던 여러 의외의 변수로 인해 실제 시장에서는 적용상 한계에 부딪히기 마련이다.

그 한계로는 생명주기가 시장에 적용하기에는 너무 단순하다는 것과 시장에서의 실제 상황을 예측하기에는 이론적 뒷받침이 너무 부족하다는 것, 그리고 실제로 생명주기의 단계를 파악하는 것은 매우 어렵다는 것 등이다.

3. 메뉴상품 포지셔닝

1) 포지셔닝의 개념

포지셔닝positioning은 소비자의 소비심리와 경쟁사, 그리고 그 외 관련 요인들을 분석하여 메뉴를 상품으로 만들어 시장에 내놓아야 할 때 소비자의 마음 속에 자사 제품이나 기업을 경쟁제품 · 경쟁사와 관련하여 가장 유리한 포지션에 있도록 노력하는 과정을 의미한다.

메뉴를 상품화하여 시장에 포지셔닝하기 전에 만약 경쟁자가 있다면, 그 경쟁자의 포지셔닝위치와 상황, 시장의 흐름들을 면밀히 분석하고 포지셔닝 작전을 세우는 것이 중요하다.

포지셔닝작전을 나타내는 것 중 대표적인 것이 포지셔닝 맵positioning map이다. 메뉴상품 위치나 특정 메뉴상품에 대한 소비자의 선호도 등 여러 가지 주제로 포지셔닝 맵을 분석할 수 있다. 포지셔닝에 대한 활용도나 이해는 다양하게 나타날 수 있으나, 그 기본은 내가 만든 메뉴상품이 다른 메뉴상품보다 나은 가치결과를 가져오는 위치에 포지셔닝하는 것이다.

2) 포지셔닝의 유형

포지셔닝의 유형은 메뉴상품 자체의 속성을 장점으로 인식시켜 버리는 유형과 고객이 원하고 동경하는 이미지를 부여하는 유형, 소비자의 사용목적에 부합되는 유형, 공동의 특색을 가지고 있는 소비자를 대상으로 하는 유형, 가격으로 품질의 이미지까지 연동시키는 유형, 경쟁자와의 비교가 장점을 부각시키도록 하는 유형, 그리고 새로운 이미지를 부여하려는 유형 등으로 나누어 볼 수 있다. 이에 대한 자세한 내용은 **표 7-2** 에 제시하였다.

표 7-2 | 포지셔닝의 유형과 내용

유형	내용
속성에 의한 포지셔닝	상품 자체의 독특한 속성이 다른 상품에 비해 이익을 준다고 인식하게 하는 방법
이미지 포지셔닝	상품의 독특하거나 매력적인 이미지를 구축하여 강조하는 방법
사용목적에 의한 포지셔닝	특정한 사용목적에 부합되는 상품의 특성을 강조하는 방법
소비자에 의한 포지셔닝	개인 소비자가 아닌 단체나 집단의 소비자를 대상으로 상품을 인지시키는 방법
가격이나 품질에 의한 포지셔닝	가격을 높임으로 품질까지 좋으리라는 소비자의 기대를 이용한 방법
경쟁자에 의한 포지셔닝	소비자의 인식 속에 자리 잡고 있는 경쟁자나 상품과 비교하여 자사 상품의 장점을 부각시키는 방법
재 포지셔닝	현재의 포지셔닝을 새로운 이미지로 바꾸려는 시도

3) 포지셔닝의 과정

포지셔닝을 하기 위해서는 먼저 목표가 되는 소비자와 소비자의 소비심리를 분석하고, 경쟁자와 경쟁제품의 포지셔닝을 분석한 후, 나의 메뉴상품의 포지셔닝을 개발하여 적용한다. 이렇게 포지셔닝이 끝나면 포지셔닝이 제대로 이루어졌는지 확인 작업을 하고, 제대로 이루어지지 않았다면 다시 포지셔닝을 하도록 한다. 원하는 결과가 나올 때까지 포지셔닝을 계속 수정, 보완하여 적용한다.

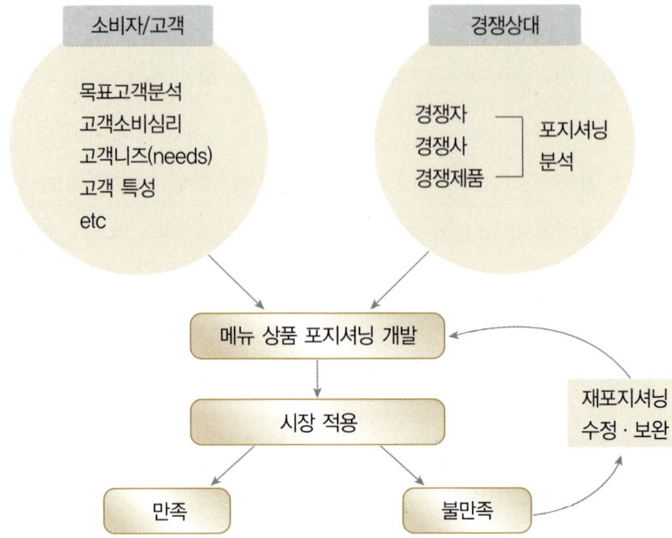

그림 7-3 | 포지셔닝의 과정

Tip

포지셔닝의 3C

포지셔닝을 하기 위해 필요한 세 가지 요소로서 Customer(고객, 목표소비자), Competitor(경쟁자, 경쟁사, 경쟁제품), Company(자사)를 의미함

4. 메뉴상품화 마케팅

1) 마케팅의 이해

마케팅marketing이란 정해진 영업목표를 달성하기 위해 시장 환경 요소와 변화에 맞게 행해지는 활동들을 말한다.

메뉴상품마케팅이란, 호텔이나 외식사업 등 관련 분야에서 고객을 대상으로 영업목표를 달성하기 위하여 행해지는 활동으로, 소비자의 소비심리를 만족시키고 소비 후 만족을 이끌어냄으로써 다시 소비를 하게 하는 활동이며, 시장에서 지속적으로 소비가 이루어지게 하는 모든 활동을 의미한다.

2) 시장세분화

메뉴상품을 마케팅하기 위하여 시장을 세분화하기도 한다. 시장을 세분화하는 기준은 지리적 기준, 인구통계적 기준, 그리고 행동심리 세분화 기준으로 나눌 수 있다.

❶ **지리적 기준** | 지리적 기준은 말 그대로 지리적으로 시장을 세분화하는 것으로, 가장 일반적으로 많이 사용되고 있는 방법이다.

❷ **인구통계적 기준** | 인구통계적 기준은 인구를 성, 나이, 직업, 소득수준 등으로 나누어 그것을 기준으로 삼는 방법으로, 이 또한 지리적 기준과 더불어 일반적으로 많이 사용되고 있는 방법이다.

❸ **행동심리 세분화 기준** | 행동심리 세분화 기준은 목표고객의 소비심리패턴, 메뉴상품과 서비스에 대한 과거와 현재의 반응 등 목표고객의 행동을 여러 기준으로 세분화하여, 그들의 잠재된 소비성향과 충성도 등으로 시장을 세분화하는 방법이다.

시장을 세분화하게 되면 고객의 니즈needs 파악이 용이해지고, 시시각각 변화하는 시장에 능동적으로 대처가 가능하며, 다른 경쟁자에 비해 우위에 설 가능성이 커지고, 여러 가지 자원에 비효율성이 줄어들며 고객의 충성도가 높아질 가능성이 크다.

3) 표적시장과 마케팅믹스

메뉴마케팅menu marketing을 행하기 앞서, 목표시장target market과 마케팅믹스marketing mix를 위한 4P(product, place, price, promotion)를 이해하는 것은 매우 중요하다.

(1) 목표시장

목표시장target market이라 함은 메뉴를 상품화할 때에 상품화된 메뉴를 소비자가 최대로 매매하여 매출과 이윤이 상승되기를 바라는 대상 시장을 의미한다.

즉 사업적으로 그 메뉴상품을 내놓는데 최적의 시장을 의미하는 것이다. 목표시장을 결정하기 전에는 몇 개의 목표시장 후보를 뽑아 놓고, 나의 메뉴상품의 매출이 높을 것으로 예상되는 시장, 여러 측면에서 소비자에게 어필할 요소들이 우위에 있다고 판단되는 시장, 그리고 미래수익전망이 긍정적인 시장 등을 고려하여 마지막 목표시장을 결정하도록 한다.

(2) 마케팅믹스

마케팅믹스marketign mix를 구성하는 요소로는 상품product, 유통place, 가격price 그리고 홍보promotion가 있다. 이 네 가지 요소는 모두 P로 시작하는 단어라 하여, 4P라고도 칭하며, 이 4가지 마케팅믹스 구성요소의 상호연관성과 짜임새에 따라 마케팅의 성공과 실패가 결정된다고 볼 수 있다.

표 7-3 | 마케팅믹스 요소

요소	내용
상품(product)	목표시장에 공개, 목표 고객의 니즈를 만족시켜 매매를 형성하고 그에 대한 경제적 화폐 대가를 받게 하는 것, 구매를 통해 고객은 유형의 상품, 포장 그리고 서비스 획득
유통(place) 혹은 분배(distribution)	유통, 즉 유통경로 메뉴상품이 어떻게 소비자에게 전달되는가에 대한 경로 상품을 목표시장에 쉽게 접근하도록 배열시키는 것
가격(price)	메뉴상품의 경제적 화폐교환가치 매개체, 부과금 포함
촉진(promotion)	공급자와 수요자 간의 설득적 메시지 및 정보 교환을 위한 대화 도구 고객에게 상품을 알리고 설득하고 상기시키는 광고, 홍보, 판매촉진 등

마케팅믹스 중 유통, 즉 유통경로의 경우, 어떤 유통경로를 선택하느냐에 따라 마케팅의 방법은 다양하게 분화되고 여러 가지 제약을 받게 되므로 신중한 유통경로의 선택이 요구된다. 또한 메뉴상품에서의 가격이란 메뉴 그 자체와 그에 따르는 여러 가지

형태의 서비스를 포함한 가치이며, 다른 마케팅 믹스 요소가 비용을 발생시키는 점과는 달리 가격만큼은 이익을 발생시키는 요인이므로 모든 활동의 자금공급원이 된다는 특별함을 지니고 있다는 것을 유의한다.

4) 메뉴상품화 마케팅 전략과 개발과정

(1) 메뉴상품화 마케팅 전략

소비자의 소비형태를 파악하고 소비자의 소비심리 스타일을 파악하여, 소비자의 욕구와 요구를 충족시킬 수 있는 마케팅 전략이 메뉴상품화에서는 무엇보다도 필요하다.

메뉴를 마케팅적으로 활용하기 위해서는 메뉴상품 자체의 원재료 표준화가 이루어져야 하는데, 이는 메뉴의 품질, 원가, 유통 경로 등의 표준화를 의미한다. 또한 메뉴상품화를 진행하기에 앞서 반드시 시장의 반응을 테스트하여 그 약점과 강점을 명확히 파악하도록 한다. 메뉴상품화의 성공을 위해서는 장기적이고 체계적인 전략과 전문적인 마케팅 프로그램이 도입되어야 한다.

메뉴상품의 마케팅 전략은 메뉴상품에 대한 포트폴리오 분석, 메뉴상품의 성장전략 그리고 메뉴상품의 경쟁전략 수립의 세 과정으로 계획된다.

❶ 메뉴상품에 대한 포트폴리오 분석 | 포트폴리오portfolio는 실패의 위험을 줄이기 위하여 예산을 분산투자 운용하는 것을 말하는 것으로 전략을 세우기 위한 첫 단계이다.

아무리 좋은 아이디어와 기술, 환경이 있어도 필요한 만큼의 예산이 확보되지 못한다면 의미가 없다. 막대한 예산을 들여 메뉴상품을 개발한 후에 다른 예산이 부족하여 사업이 막을 내린다면 그것처럼 허망한 일은 없을 것이다. 그렇기에 사업에 큰 지장을 주지 않으면서도 메뉴상품을 개발하기 위해 적당한 수준의 예산을 확보하는 것은 포트폴리오를 통하여 구상해야 한다.

메뉴상품화는 생각보다는 많은 비용이 들 가능성이 크기 때문에, 전체 사업에 대한 포트폴리오의 파악과 구상이 너무나 중요한 첫 번째 단계가 된다.

❷ 메뉴상품의 성장전략 | 메뉴상품을 통하여 어느 정도 영업성장이 가능하고, 어느 분

야의 성장이 가능한지 등 여러 가지 성장전략을 세우도록 한다. 표적시장을 염두에 두고 목표고객을 고려하여 메뉴를 상품화하였다 하더라도, 그 메뉴라는 무기를 통해 어느 정도 영역을 넓힐 수 있는지 가늠할 수 없다면 이는 메뉴상품의 존폐와도 직결될 수 있다. 반드시 메뉴상품에 대한 여러 가지 측면의 성장전략을 수립해 놓아야 한다.

❸ 메뉴상품의 경쟁전략 수립 | 포트폴리오를 통해 메뉴상품화에 쓸 수 있는 예산규모를 파악하고, 만들어진 메뉴상품이 어느 정도의 성장이 가능한지 전략을 짜고 나면, 시장에서 경쟁하기 위한 경쟁전략을 수립하도록 한다. 경쟁전략으로는 원가관리를 통한 접근방법과 기술이나 디자인의 차별화를 통한 접근방법, 그리고 아주 세분화된 시장만을 집중 공략하는 방법 등으로 크게 나뉜다. 개발한 메뉴상품의 특성에 맞게 적절한 경쟁전략 수립을 하도록 한다.

(2) 메뉴상품 개발과정

그림 7-4 는 메뉴상품 개발과정을 크게 아이디어 채택과정, 메뉴상품 개발과정, 그리고 메뉴상품이 시장에 도입되는 과정으로 보여주고 있다. 아이디어 채택과정은 시장조사에서 아이디어 창안과 채택까지의 여러 과정으로 나뉘고, 메뉴상품 개발과정은 메뉴상품 전략개발에서 마케팅믹스 전략수립까지 여러 과정으로 다시 세분, 마지막 메뉴상품의 시장도입과정을 시장테스트와 상품화 그리고 출시로 나누어 보여주고 있다.

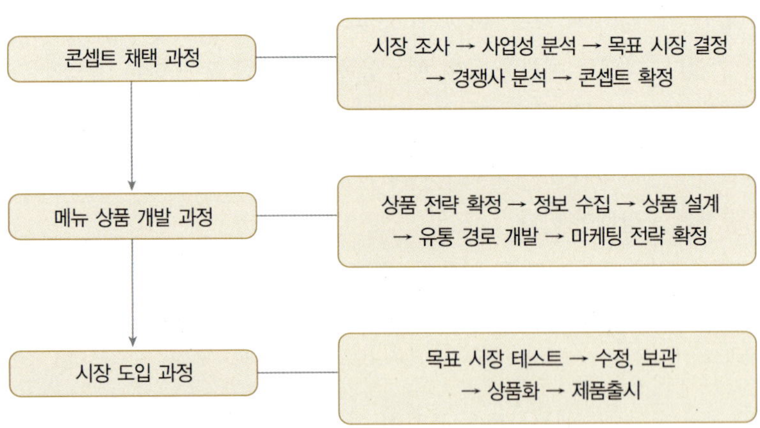

그림 7-4 | 메뉴상품 개발과정

*참고문헌

김경임 外. 푸드코디네이션 개론. 파워북, 2007
김기영 外. 메뉴경영관리론. 현학사, 2006
김영갑 外. 외식산업론. 현학사, 2009
김정구. 미래마케팅. 교보문고, 2005
신재영 外. 외식사업경영론. 백산출판사, 1995
알리스 外. 마케팅불변의 법칙. 십일월출판사, 2004
원융희. 최신외식산업개론. 도서출판두남, 2009
유기준. 유통경제길잡이. 형설출판사, 2004
이정실. 외식기업경영론. 기문사, 2007
이정학. 외식사업경영실무론. 대왕사, 2005
이학식 外. 소비자행동 : 마케팅전략적접근. 법문사, 1993
정현숙 外. 푸드비지니스와 푸드코디네이터. 수학사, 2007
조용범 外. 신메뉴관리론. 대왕사, 2007
진양호. 식당성공 4M전략. 한국외식정보(주), 2005
최영준 外. 메뉴관리론. 대왕사, 2006

JFCS, フードビジネス商品開發講座, JFCS, 2003

Philip Kotler, Kotler on marketing. 세종연구원, 2003.
Philip Kotler, Marketing Management.5th.ed., Prentic-Hall, 1984

메뉴와 디자인

Chapter 8

1. 메뉴 디자인의 이해
2. 메뉴판 디자인의 이해
3. 메뉴판 외 메뉴 디자인의 이해
4. 디자인 표준화의 이해
5. 메뉴판의 예

1. 메뉴 디자인의 이해

1) 정의

디자인design의 의미는 다양하게 정의될 수 있지만, 디자인의 라틴어 어원에서 그 의미를 구체화해 보면 De와 Signare로 나누어 볼 수 있다. De는 'out, from'의 의미를 내포하고 Signare는 'to make'의 의미를 내포하므로, 결국 Design이란 'to make out from'으로 '(~로부터) 만들어내다'라고 정의될 수 있다.

결국 영업장의 콘셉트concept, 공급자의 관리적 · 영업적 측면, 타깃target이 되는 고객의 특성, 고객의 심리상태 이용과 마케팅 전략 등 많은 유기적 요소를 기반으로 개발되거나 계획된 메뉴를 고객에게 의도대로 잘 전달할 수 있도록 만들어내고 옮기는 과정을 메뉴 디자인이라 정의할 수 있다.

디자인으로 만들어져 고객에게 공급자의 의도를 잘 전달하게 하는 방법으로 쓰이는 것은 대표적으로 메뉴판을 들 수 있고, 최근에 와서는 식기, 음식의 장식, 테이블웨어tableware, 식공간요소 등의 중요성이 대두되고 있다.

2) 종류

메뉴 디자인이라 하면, 일반적으로 메뉴판 디자인을 지칭한다. 메뉴판은 중요한 마케팅 도구로서 고객과의 첫 만남이자 대화의 도구이다. 따라서 메뉴 디자인이란 메뉴판 디자인의 동의어처럼 쓰여 왔으며, 어떻게 메뉴판을 만들어야 마케팅도구로서의 역할과 고객과의 대화를 원활히 이끌어 나갈 수 있을 것인가에 대한 이론들이 제기되어 왔다. 그러나 최근 들어 메뉴판 이외에도 그와 더불어 메뉴를 디자인하는 요소들에 대한 중요성이 대두되었다. 그것은 식기 디자인이나 음식의 장식, 테이블웨어 그리고 식공간디자인 요소들이다. 어떤 식기에 담아 메뉴를 돋보이게 디자인하는가, 메뉴에 어떤 장식을 하여 그 메뉴의 매력을 돋울까, 메뉴가 놓이는 테이블에 관련된 테이블웨어들은 어떤 디자인적인 연관성을 가지고 있는가, 그리고 그 메뉴를 먹게 되는 식공간의 요소 중 어떤 요소가 어떤 영향을 주는가 등이 메뉴판 디자인과 더불어 메뉴 디자인의 중요한 요소가 되고 있다. 따라서 이렇게 메뉴와 관련되어 확장되어 가는 디자인의 의미와 각각의 관점에서 디자인이 가져야 하는 역할들을 알아보자.

그림 8-1 | 메뉴디자인의 종류

3) 역할

메뉴판은 영업장의 중요한 판매도구이며 동시에 고객과의 대화 도구이다. 고객들은 메뉴판을 통하여 주문할 음식과 가격, 정보 및 영업장 전반에 걸친 사항을 파악할 수 있다. 또한 메뉴판은 고객의 욕구를 자극하여 상품을 구매하도록 유도하고, 추후 다시 방문할 수 있도록 도움을 준다. 이러한 메뉴판의 역할을 정리해 보면 다음과 같다.

메뉴판의 역할
고객 커뮤니케이션 도구
판매증진을 위한 영업도구
고객의 욕구나 식욕을 증진시키는 판매도구
메뉴와 영업장에 대한 정보전달 도구

메뉴판 외의 메뉴 디자인과 유기적인 요소들로는 식기나 음식의 장식, 테이블웨어 그리고 식공간 요소 등이 있다. 이들은 메뉴의 상품성을 높여 매출을 높이고 고객의 만족도를 높여 재방문을 유도하기 위한 도구로 이용될 수 있다.

2. 메뉴판 디자인의 이해

메뉴 디자인의 가장 대표적인 것이 메뉴판 디자인이다. 결국 메뉴판 디자인이란 메뉴계획에서 선정된 아이템을 메뉴판에 옮기는 과정으로 그저 단순한 기록이 아니라 디자인의 개념과 요소를 적용하여 고객과의 대화 도구로서 메뉴판의 완성도를 더 높이는 과정이라 말할 수 있다.

좋은 메뉴판 디자인은 메뉴를 기획하고 개발하여 계획한 공급자의 의도가 고객에게 잘 전달되도록 메뉴판에 표현하여, 그 메뉴판을 접한 고객이 공급자의 의도를 제대로 해석하고 그 의도대로 결정을 내릴 수 있게 하는 것이다.

메뉴판이 가장 많이 팔기를 원하는 메뉴를 고객들이 많이 주문할 수 있도록 디자인되고, 공급자가 의도한 메뉴판의 역할을 잘 수행할 수 있도록 디자인되었다면 그 메뉴판은 성공적이라 평가할 수 있다.

메뉴판을 디자인할 때, 메뉴판의 내구성도 고려해야 한다. 메뉴판의 내구성은 메뉴판의 재질과 밀접한 관계가 있으므로 재질의 선택에 유의한다. 메뉴판의 재질에 따라 음식이나 레스토랑에 대한 느낌이 달라지기 때문에 재질은 디자인적으로 중요한 요소가 된다.

메뉴판을 만드는 재료 중 대표적인 종이만 하더라도, 제작원료의 배합과 만드는 방법 그리고 색깔, 무게 등의 요인에 의하여 여러 종류로 분류되고, 그 종류별로 각기 다른 질감을 준다. 그리고 그 질감 외에도 다양한 사이즈가 디자인적으로 중요한 요소를 형성한다. 최근에는 종이뿐만 아니라 여러 가지 다른 재료를 이용하는 경우도 많아지고 있다.

성공적인 메뉴판 디자인은 메뉴를 기획하는 관계자와 메뉴판을 디자인하는 관계자가 서로 긴밀한 관계를 가지고 대화를 통해 충분한 이해가 바탕이 될 때에만 가능하다. 메뉴판을 디자인할 때, 기능적인 면을 배제하고 미적인 면만을 강조한다면 메뉴판은 그 기능을 제대로 수행하지 못한다.

메뉴판은 메뉴상품의 이름이나 제공하는 가격을 포함한 메뉴의 정보를 전달할 수 있다. 고객은 메뉴판의 외형을 통해 레스토랑의 성격을 파악할 수도 있다. 이처럼 메뉴판이 건네는 대화는 고객의 의사결정에 중요한 요인이다. 메뉴판은 공급자와 수요자의 대화를 위한 도구의 가장 중요한 매체이자 최종 결정단계에 관여한다. 많은 보고서에 따르면, 고객이 업장을 방문하여 메뉴를 결정할 때, 영업장 방문 전 메뉴를 결정하였다 하더라도 실제로 결정하는 순간에는 일치하지 않는 경우가 상당수라고 한다. 따라서 고객의 메뉴 선택 최종단계에서 고객의 결정을 보조하는 메뉴판은 메뉴공급자가 메뉴 수요자에게 건네는 대화의 최종단계이고, 그때 대화를 잘 나눔으로써 그 수요자의 결정이 공급자의 의도대로 조정 가능하다는 것이다.

1) 구성

메뉴판을 만들 때 문자, 도형, 표, 비주얼적 요소 등을 일정한 공간에 포맷하고 배열하는 것을 메뉴판의 구성이라 한다. 따라서 메뉴판 구성 시 사진, 도형, 문자 등을 일정한 공간에 배치 · 배열하여 메뉴판을 완성한다.

고객은 메뉴판만 보아도 공급자의 모든 것을 대략적으로 파악하게 된다. 따라서 메뉴판을 어떻게 구성하느냐가 메뉴판 디자인에 매우 중요한 요소이고 고객에게 정보를 제대로 전달하기 위한 올바른 구성이 메뉴판 디자인의 기본이 된다.

(1) 포맷

메뉴판의 포맷format은 메뉴판의 크기와 형태, 구성되는 패널panel 수 등에 따라 다양해질 수 있다. 포맷이라 함은 형식, 형태, 구성 등으로 해석할 수 있다. 따라서 메뉴판 포맷은 결국 메뉴판을 어떤 형식으로, 어떤 형태로 또 어떤 구성으로 만들 것이냐를 결정하는 것을 의미한다. 포맷에 따라 메뉴판의 기본적인 디자인이 결정된다는 것이다.

메뉴판의 크기는 대체로 테이블에서 편히 다룰 수 있는 것이 좋다. 또 메뉴판이 쓰이게 될 영업장의 성격에 따라 적합하게 구성하면 된다. 따라서 영업장에 따라 메뉴판의 포맷은 천차만별이다.

투패널two-panel로 포맷을 이용할 경우, 유의할 것은 사람의 눈은 중앙을 집중하는 경향이 있다는 것이다. 이는 시선이 중앙에 머무른 후 양면으로 분산된다는 의미이다. 따라서 강조되어야 하는 메뉴를 우측상단에 강한 시각적 요소와 함께 배치하여 좌측으로 분산되는 시선을 방지해야 한다.

왜 우측상단의 강조가 좌측상단의 강조보다 더 효율적인가에 대해서는 시각중심점 이론을 통해 알 수 있다.

일반적으로 많이 사용되는 형태적 포맷을 그림 8-2 에 제시하였다. 이는 나인메이어Ninemeier가 제안한 것으로 가장 일반적으로 사용되고 있는 메뉴의 형태이다.

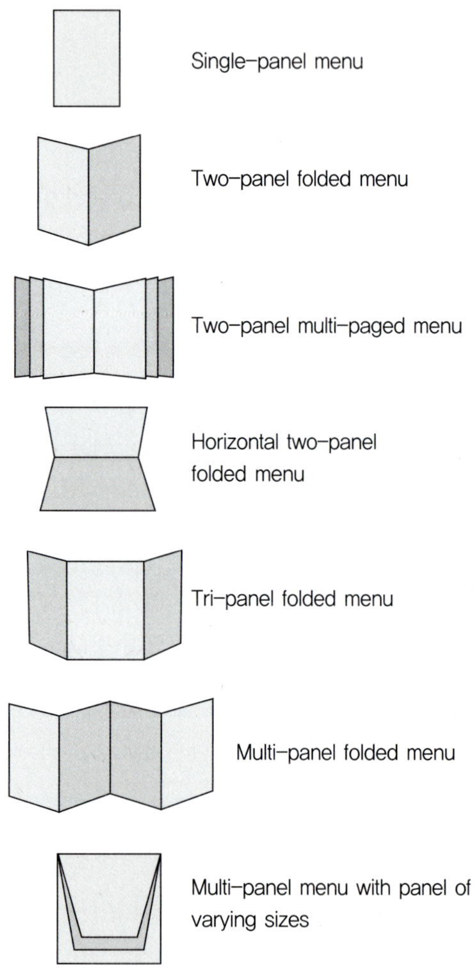

그림 8-2 | 패널 수와 모양에 따른 메뉴판의 종류

(2) 배열 Arrangement

쉽게 메뉴가 파악될 수 있도록 적당한 공간과 여백을 두어 형태를 단순화하고, 메뉴판에 들어갈 내용을 제작자의 의도와 맞게 배치하는 것을 배열arrangement이라고 한다.

타블도트메뉴table d' hote menu와 같은 포멀formal한 정찬요리의 경우에는 먹는 순

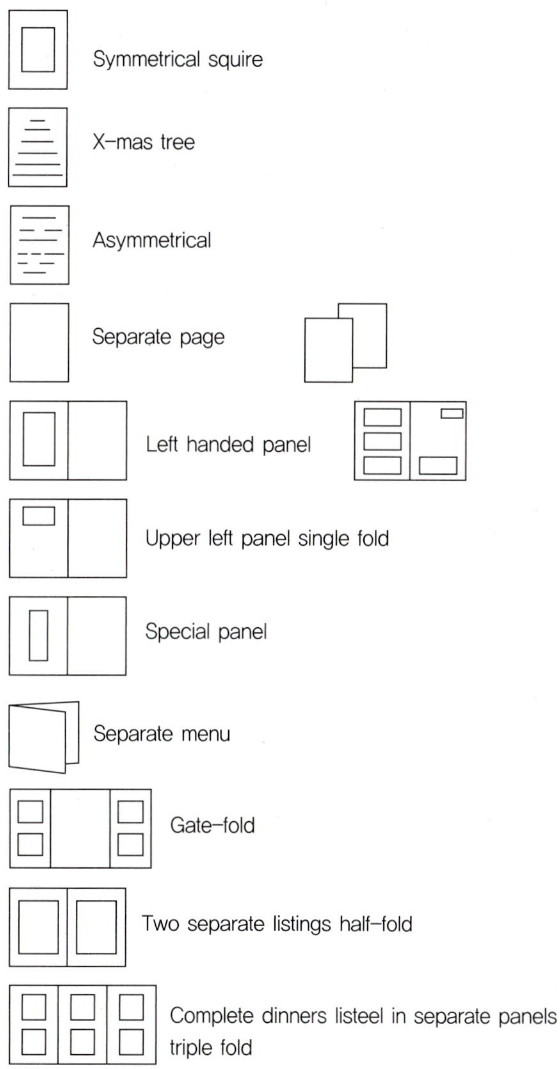

그림 8-3 | 메뉴품목들과 카피의 배열 종류

서에 따라 메뉴를 배열한다. 일품요리a la carte menu가 위주인 곳에서는 메뉴 간 특징을 연결지어 구분하여 그룹으로 배열하는 것이 일반적이다. 즉 식재료를 기준으로 채소류, 해산물류, 육류 등으로 나눌 수도 있고 조리방법에 따라 국물류, 볶음류, 찜류 등으로 분류할 수도 있다. 어떤 기준이든지 기준에 의한 그룹을 만들어 배열이 가능하다.

메뉴판에서 일반적으로 많이 쓰이는 메뉴품목들의 배열은 대칭형 사각이나 트리형 응용 등이며 대칭형, 비대칭형, 혼합형 등 다양하게 응용하여 적용할 수 있다. 또 창의적인 아이디어를 넣어 색다른 배열을 할 수도 있다.

메뉴판에 메뉴를 배열할 때는 영업장의 콘셉트와 메뉴의 수, 카피copy의 양, 디자인에 맞게 배열하는 것이 가장 적합하다.

메뉴판 카피의 기본 배열은 그림 8-3 에 보이는 애비James R. Abbey가 제안한 것을 일반적으로 가장 많이 애용한다.

Tip

서양요리에서 서빙받는 음식의 수를 의미함

3코스 : 전채 → 메인(생선/육류) → 후식
5코스 : 전채 → 수프 → 메인(생선/육류) → 후식 → 음료
7코스 : 전채 → 수프 → 생선 → 육류 → 샐러드 → 후식 → 음료
9코스 : 전채 → 수프 → 생선 → 셔벗 → 육류 → 샐러드 → 후식 → 음료 → 식후간식

2) 디자인 요소

(1) 레이아웃

레이아웃lay-out이란 편집을 위하여 메뉴 아이템들을 적절하게 배열하고 배치하는 일을 의미한다. 잘된 레이아웃은 고객으로 하여금 메뉴판의 내용을 잘 이해시키고, 큰 공감을 일으키게 도와준다. 레이아웃의 요소로는 문자와 비주얼 요소, 표와 다이어그램, 선과 여백 그리고 색이 있다.

메뉴판의 레이아웃은 타블도트메뉴table d' hôte menu의 경우 제공될 메뉴의 순서대로 정하는 경우가 많다. 알라카르트메뉴a lá carte menu의 경우에는 가볍게 먹을 수 있

는 메뉴에서 배를 채울 수 있는 무거운 메뉴의 순으로 정하는 경우가 많다. 메뉴판에 나열해야 할 메뉴의 수가 많을수록, 메뉴판의 레이아웃을 잡기는 쉽지 않다.

레이아웃을 구성하는 대표적인 요소인 활자의 경우 인쇄되는 메뉴판의 크기와 급수, 포인트로 나타나는 문자의 크기, 서체, 자간 그리고 행간 등에 따라 레이아웃이 달라지므로 영업장의 콘셉트, 제작자나 공급자의 의도 등을 고려하여 적절하게 편집한다. 또한 비주얼적 요소로는 대표적으로 사진과 일러스트레이션을 들 수 있는데, 이러한 비주얼 요소들은 여러 줄의 글이나 문자보다 더 강한 메시지를 줄 수 있으므로 잘 활용할 경우 유용한 고객과의 커뮤니케이션 도구가 될 수 있다. 특히 일러스트레이션은 최근에 그 쓰임새가 확장되어 삽화와 컷cut 등 손으로 그린 그림만을 뜻하다가 회화, 사진 등을 포함하는 것으로 발전되었다.

(2) 카피

카피copy는 메뉴에 대한 설명이다. 메뉴에 대한 적절한 설명은 고객들의 마음에 구매동기를 부여할 가능성이 크다. 메뉴명은 쉽게 알 수 있고 익숙한 것이 좋으며, 특이한 용어나 확실치 않거나 잘 사용되지 않는 전문용어는 적합하지 않다. 간략하면서 의미가 고객에게 잘 전해지도록 유의한다. 또한 객관적인 상품정보 메시지를 통해 고객의 판단을 돕도록 한다.

카피copy 중에는 조리방법을 명시하거나 음식에 들어간 식재료를 나열하기도 하고, 식재료의 부위나 제공되는 메뉴의 분량, 크기나 질 등이 표현될 때도 있다. 가격의 경우 심리적으로 민감할 수 있으므로 정직하지만 비교하기 힘든 표현이나 배열이 좋다.

메뉴의 카피는 헤딩heading, 서술적 카피descriptive copy, 서플리멘틀 머천다이징 카피supplimental merchandising copy 그리고 인스티튜셔널 카피institutional copy로 나눌 수 있다.

헤딩은 타블도트메뉴의 경우 세 가지로 분류된다. 첫째는 코스를 분류하는 것, 둘째는 코스를 재료, 스타일, 조리법, 양념 등의 세부 요소로 분류하는 것, 세 번째는 구체화된 메뉴의 명칭이다. 알라카르트메뉴의 경우에는 크게 두 가지로 분류되는데 타블도트메뉴의 첫 번째 분류를 뺀 나머지 두 가지, 즉 코스를 세부요소로 분류하는 것과 구체화된 메뉴의 명칭으로 분류된다.

서술적 카피는 수요자인 고객에게 메뉴판에 제공된 메뉴에 대한 정보를 제공하는 역할을 한다. 메뉴를 설명할 때에는 메뉴의 재료들이나 양념, 소스 또는 조리법에 대한 정보를 제공한다. 문장을 간단하고 짧게 하는 것이 정보를 더 정확히 전달할 수 있다. 또한 제공될 메뉴의 크기, 질, 양, 상태, 생산지, 생산자, 브랜드, 영양가 등도 제공될 수 있다.

서플리멘틀 머천다이징 카피는 영업장에 대한 정보를 제공할 때 사용된다. 영업장의 영업시간, 봉사료나 세금, 영업장명과 심벌, 추구하는 가치 등 여러 가지 메뉴 자체의 정보를 제외한 정보를 제공한다.

인스티튜셔널 카피는 제공되는 메뉴의 질, 영업장의 역사 등 어떤 사실에 관한 내용을 특별히 강조하여 고객이 메뉴에 더 큰 가치를 부여하고 만족감을 높이기 위하여 제공된다. 예를 들면 특별한 역사적 가치를 지닌 곳에 입지를 정해 영업을 하는 것이라면, 그 장소에 대한 인스티튜셔널 카피를 넣음으로써 고객에게 의미를 부여해 만족감을 높이는 역할을 할 것이다. 또 조상으로부터 받은 특별한 비법을 간직하고 그 비법이 인증받은 것이라면, 인스티튜셔널 카피를 통해 그 전통성을 강조하여 고객에게 더 많은 만족감을 심어줄 수 있을 것이다.

메뉴를 설명하는 카피는 아래와 같은 요건이 요구된다.

간단명료하게 설명한다.
일관되게 설명한다.
과장 없이 사실만을 설명한다.
올바른 외국어를 사용하며 설명한다.
전문용어는 풀어서 설명한다.
고객을 속이지 말아야 한다.

(3) 타이포그래피와 가독성

메뉴판 제작 시 카피 다음으로 타이포그래피typography를 결정한다. 타이포그래피란 인쇄물의 가독성legibility을 높이기 위하여 문자 인쇄를 구성하는 일들을 적절하게 배치하는 기술을 말한다. 메뉴판에 들어가는 활자는 읽기 쉬워야 하고 가독성이 좋아야 한다. 가독성이란 인쇄물이 얼마나 쉽게 읽히는가 하는 능률의 정도를 의미한다. 즉 고객이 메뉴판을 읽을 때 메뉴판에 기록되어 있는 메뉴와 기타 정보를 얼마나 잘 이해할 수 있는가 하는 것이다. 메뉴판의 궁극적 목표는 고객이 읽기 쉽게 구성하여 가독성을 높이는 것이므로 이를 염두에 두어야 한다. 쉽게 읽을 수 있도록 충분히 크기도 커야 하지만, 부담스럽게 큰 것은 곤란하다. 글자 사이에도 일정공간을 주어야 가독성이 높아진다.

메뉴카피에서 매우 중요한 것 중의 하나는 타이포그래피와 그에 의해 영향을 받는 가독성이다. 가독성이라 함은 앞에서 말했듯 전달하는 내용이 얼마나 쉽게 독해가 가능한가 하는 성질이다. 아무래도 문자의 독해가 가능할수록 읽기 쉽고, 읽기 쉬울수록 이해하기 쉽다. 이해하기 쉬운 메뉴는 선택될 가능성도 커진다. 가독성을 높이기 위해서, 효과적인 의사전달을 위한 인쇄상의 기교를 타이포그래피라고 한다. 이 타이포그래피는 활자의 크기, 서체, 내용과 활자의 적합성, 행간의 공백, 여백 등 그와 더불어 종이의 종류와 질 그리고 잉크 등이 영향을 미친다.

가독성은 고객의 선택조정의 힘과 관련이 깊다고 볼 수 있다. 메뉴를 표기한 글자에 대한 일반화된 규칙은 없으나 메뉴판이 놓이는 테이블의 크기, 제공되는 메뉴의 수, 그리고 영업장의 콘셉트와 밀접한 관계가 있고, 글자의 크기와 메뉴판 페이지 수는 사용하는 언어의 종류와 수, 메뉴의 수, 이미지의 포함 유무에 따라 영향을 받는다. 보통 한국은 한글과 영어를 기본적으로 함께 표기하고 영업장에 따라 일본어, 중국어, 프랑스어 등을 함께 표기하기 때문에 다른 나라에 비해 글자의 수가 많은 편에 속한다. 따라서 메뉴판의 크기와 레이아웃 그리고 여백 등은 반드시 고려해야 하는 요소이다.

메뉴판에 사용될 글자가 많을수록 어려움이 따르며, 무리하게 욕심내어 넣게 되면 고객은 혼란에 빠지게 된다. 메뉴판의 공간과 글자의 일반적 비율, 전체적인 균형과 조화, 공간의 적절한 배치는 매우 중요한 디자인 구성요소이다. 이는 메뉴의 가독성을 높이고, 의도한 영업장의 이미지를 고객에게 줄 수 있다.

타이포그래피typography의 요소들에 대해 보다 자세히 살펴보자.

❶ **글꼴(서체)** | 글꼴을 선택할 때에는 목표 고객에게 친숙한 글꼴을 고르는 것이 유리하다. 그러나 최근에는 너무나 다양한 글꼴이 개발되어 있으므로 목표 고객에게 익숙한 글꼴이면서 더불어 영업장의 콘셉트와 맞추는 것도 고려해야 한다.

❷ **글자** | 글자의 크기는 목표 고객의 평균 시력으로 어려움 없이 읽어 내릴 수 있어야 한다. 또한 업장의 조명도 고려해야 한다. 인쇄에 들어가는 글꼴의 종류는 세 가지 이하가 좋다. 세 가지 이상의 글꼴이 혼합되어 있을 경우, 가독성이 떨어져 오히려 고객의 선택을 방해할 수 있다. 꼭 세 가지 이상의 글꼴을 사용해야 할 경우에는 숙련된 디자인이 요구된다. 글자의 크기와 더불어 글자 간의 간격이나 줄 사이의 행간도 가독성에 큰 영향을 미친다. 메뉴판 디자인에 관련되어 정보를 표현하는 글자의 디자인은 매우 중요한 요인이다. 글자는 생각을 표현할 뿐 아니라 감정을 움직여 선택을 조정하는 힘을 가지고 있다. 그러나 때때로 다른 요소에 너무 집숭하여 메뉴판이 읽히기 위해 디자인된다는 사실을 쉽게 잊어버리기도 하므로 주의하여야 한다.

❸ **글자의 크기** | 메뉴판에 쓰이는 글자의 크기는 급과 포인트로 나타낸다.

1급은 0.25mm이고 1포인트는 0.35146mm이다. 그 외에 1치는 0.25mm인데, 치(置)라 함은 글자와 글자 사이 간격과 행과 행 사이의 간격을 말한다. 일반 서적에서는 8포인트(12급)~12포인트(15급) 사이가 많이 사용되는데, 메뉴판의 경우에는 디자인에 따라 여러 가지 크기가 사용된다.

메뉴판 디자인에서 글자의 크기를 결정짓는 요인은 영업장의 콘셉트, 제공될 메뉴의 수와 메뉴판에 적힐 언어의 수, 메뉴판의 크기, 영업장의 조명 그리고 대상고객의 특성 등이며 이 외에도 여러 가지 요인이 있을 수 있다.

(4) 배색

가독성을 높이기 위한 글자색과 바탕색의 조합인 배색은 매우 중요하다. 색을 많이 사용할수록 제작비용이 높아지므로, 적절한 배색을 통해 최소한의 제작비용으로 가독성을 높이고 디자인적으로도 만족감을 주는 것이 이상적이다. 가독성에 직접적인 영향을 미치는 것은 잉크는 물론 사용하는 바탕 재료의 재질과 식공간요소 중 하나인 조명이다. 이들 요소에 따라 배색효과가 매우 다르게 표현되므로 신중히 고려하여야 한다.

보통 무채색의 경우에는 흰색 바탕에 검정 글자가 검정 바탕에 흰색 글자보다 가독성이 좋다. 가독성이 좋은 배색의 예로는 채도가 낮은 바탕색에 명도가 낮은 글자를 배색하는 경우, 또는 명도가 높은 바탕색에 명도가 낮은 글자를 배색하는 경우이다.

(5) 재질

메뉴판을 만드는 대표적인 재료는 종이이다. 이 종이만 하여도 종류에 따라 그 질감이 매우 다르고, 그 질감에 따라 디자인도 큰 영향을 받는다. 최근에는 종이뿐만 아니라 가죽, 천, 플라스틱 등 다양한 종류의 재료가 각자의 디자인과 질감을 가지고 메뉴판으로 활용된다. 따라서 디자인에 맞는 질감을 가진 재료를 찾아 다른 요소들과 조화를 이루게 하는 것 또한 디자인의 힘이다.

어린이 고객의 방문이 잦은 곳이나 메뉴의 변경이 적은 영업장에서는 견고하고 방수성이 있는 재질이 필요하다. 중년이나 노년기 고객의 방문이 잦은 곳에서는 재질의 표면의 입자가 크게 표출되는 것은 좋지 않다.

(6) 비주얼 요소

최근에는 메뉴판에 이미지image를 넣는 경우가 많아졌다. 주로 사진이나 일러스트레이션 등을 삽입하는 경우가 많은데, 이러한 비주얼 요소의 삽입은 레이아웃을 더욱 중요하게 만들었다. 같은 양의 정보라도 레이아웃을 어떻게 짜느냐에 따라서, 보는 고객에게 공급자의 입장이 잘 전달될 수도 있고, 복잡하고 어렵게 느껴질 수도 있기 때문이다.

메뉴판의 페이지가 많으면 많을수록 고객은 선택의 어려움을 느끼고 혼란스러워하며, 메뉴를 이해하고 선택하기 위해 많은 시간을 소요하게 된다. 따라서 메뉴판의 페이지 수를 되도록 줄이면서 원하는 정보를 모두 싣고, 그러면서도 복잡하고 어렵게 느껴지지 않도록 해야 하기 때문에 메뉴판에서의 비주얼적 요소는 매우 중요하다. 사진의 경우, 푸드스타일링food styling이라는 새로운 분야가 자리를 잡을 만큼 요식업에 있어 그 차지하는 비중이 상당히 높아졌다. 일러스트레이션 역시 마찬가지이다. 일러스트레이션의 경우, 표현양식에 따라 비주얼 이미지visual image가 결정되기 때문이다. 몇 가지 예를 들어 보면 다음과 같다.

표 8-1 | 일러스트레이션의 표현종류와 그 이미지

종류	이미지
그래픽적인 표현	모던, 사이버
만화적인 표현	귀여움, 동화적, 풍자적
사실적인 표현	입체적인 표현
회화적인 표현	자연스러움, 전원적

3) 마케팅

공급자가 제공하는 선별된 상품의 장점들을 가장 합리적으로 표현하는 마케팅 marketing 수단으로 메뉴는 활용되고 있다.

메뉴판은 마케팅믹스 marketing mix 중 하나인 프로모션 promotion 으로 이해된다. 즉 마케팅의 가장 기본적이면서도 중요한 도구로 사용되고 있는 것이다.

메뉴판의 프로모션 기능 중 가장 일반적으로 적용되는 이론은 사람 시선의 특성에 관한 것이다. 이 이론을 적절히 메뉴판에 적용한다면 프로모션의 기능을 더욱 잘 수행할 수 있을 뿐만 아니라 수요자와의 대화를 공급자의 의도대로 잘 풀어나갈 수 있을 것이다.

메뉴판 디자인에서 고려해야 되는 중요한 사항 중 가장 큰 고민은 많이 팔기를 원하는 공급자의 주 메뉴를 메뉴판의 어디에 배치하는 것이 좋을 것인가라는 것이다.

무의식 중 사람의 시선은 일정 부분에 먼저 시선을 주고 분산된다는 연구 이론을 메뉴판에 적용한다면 주 메뉴에 대한 고객의 선택가능성은 훨씬 커질 것이다. 그것은 결국 프로모션의 성공을 의미한다.

시선의 특성을 이용하는 것은 마케팅에 이미 상당히 많이 적용되고 있다. 사람의 시선의 특성을 이용한 마케팅 외에 비주얼적 요소를 이용한 것으로 사진을 이용한 마케팅이나 색의 상징성과 배색효과 등을 이용한 마케팅 등이 있다.

그러나 비주얼적인 요소의 이용이 너무 화려하고 복잡하면 메뉴판 제작비용이 높아져 경제적 유연성이 떨어지고 수용하는 고객의 선택을 방해할 수 있다.

색을 이용한 마케팅은 비단 메뉴판에만 적용되는 것이 아니라, 메뉴판을 제외한 요소 중 메뉴 디자인과 유기적 관계를 맺고 있는 식기나 테이블웨어, 식공간 요소와도 상당히 밀접한 관계를 가지고 있다.

메뉴판에 제공되는 메뉴들이 메뉴제공자의 의도대로 선택된다면, 그보다 더 좋을 수는 없다. 그러나 그러한 확률은 극히 미미하다. 따라서 여러 가지 디자인적인 요소와 마케팅의 효과를 높일 수 있는 사항들을 적용하여 공급자의 의도대로 이끌어가는 것이 중요하다.

Tip

마케팅믹스(marketing mix)

마케팅 목표를 달성하기 위해 필요한 요소들의 조합으로 P로 시작하는 4가지 요소, 즉 상품(Product), 가격(Price), 홍보(Promotion), 유통(Place)의 적절한 믹스(mix)가 마케팅을 좌우한다.

(1) 색과 심리

메뉴판에서 색채는 소비자의 시선을 끌어 메뉴의 존재를 부각시키는 효과를 내며, 메뉴판이 주고자 하는 의미와 이미지를 고객에게 전달함으로써 만족을 최대로 끌어올리고 공급자와의 통합되는 느낌을 제공해 대화 매체로서의 의미를 강조한다. 또한 적은 비용으로 메뉴와 메뉴판에 매력을 부여할 수 있고 감각을 건드려 유행 형성의 효과를 내게 한다.

색에는 그 색만이 가지고 있는 이미지와 의미가 있다. 이것을 잘 이용하면 고객의 심리를 움직여 대화도구로서의 메뉴판의 역할은 더욱 커질 것이다.

몇 가지 색의 이미지와 의미를 표 8-2 에 제시하였다.

표 8-2 | 색과 이미지

색	이미지와 의미
흰색	순수, 청결, 정결, 위생, 겨울, 숭고 등
회색	수수함, 평온함, 합리적임, 모던함 등
검은색	죽음, 어둠, 고급스러움, 모던함, 슬픔 등
빨간색	사랑, 따뜻함, 빠름, 위험, 기쁨, 불, 사치 등
노란색	어림, 에너지, 기쁨, 번영, 부, 광기, 배신 등
파란색	차가움, 보수, 신중함, 안정 등
주황색	밝음, 사교적임, 즐거움 등
녹색	자연, 젊음, 자유, 건강, 상쾌, 산 등
보라색	광기, 세련됨, 예술 등
자주색	고급스러움, 교양, 중년, 우아 등
분홍색	여성스러움, 귀여움, 애정, 젊음 등
연두색	싱그러움, 신선함, 수줍음 등
갈색	가을, 향토 등

(2) 포지셔닝

기획하고 개발하여 계획한 메뉴들을 메뉴판에 포지셔닝positioning할 때는 이윤을 극대화할 수 있도록 세심한 배려가 필요하다. 이에 대한 연구는 대표적으로 세 가지가 있다. 첫째는 시선중심점에 대한 이론이고, 두 번째는 배열순서에 따른 선택빈도 차이 이론, 그리고 세 번째는 가격표시 위치에 따른 이론이다.

시선중심점에 대한 이론
배열순서에 따른 선택빈도 차이 이론
가격표시 위치에 따른 이론

첫째, 시선중심점에 대한 이론은 **그림 8-4** 에 표현된 바와 같이 패널panel의 형태와 수에 따라 시선중심점이 달라진다는 것이다.

원패널one-panel의 경우 패널의 1/2 지점 상단부에 시선중심점이 위치하고, 투패널

two-panel의 경우 오른쪽 3/4 지점과 왼쪽 상단을 이은 사선의 우측 편에 시선중심점이 위치한다. 쓰리패널three-panel의 경우에는 중심패널의 2/3 지점 위로 시선중심점이 위치한다. 이처럼 시선중심점이 위치하는 자리에 주메뉴를 포지셔닝하면 이윤을 높일 수 있다. 사람은 대체적으로 큰 의도를 가지고 메뉴를 선택하지 않는 한 메뉴판을 처음부터 끝까지 꼼꼼히 체크하지 않으며, 설사 본다 하더라도 확실히 각인되지 않기 때문에 이런 시선이 무의식적으로 먼저 향하고 집중되는 시선중심점 주변에 주 메뉴를 배치하는 것이 공급자의 의도대로 이윤이 많은 메뉴가 선택될 확률이 높아진다.

투패널two-panel의 경우 주의할 점은 자칫 접히는 부분인 중앙에 시선이 먼저 집중된 후 양면으로 분산되어 효과가 떨어질 수 있으므로 시선을 오른쪽 면으로 끌어 집중할 수 있도록 비주얼적 요소 등을 삽입하여 유도하는 것이 좋다.

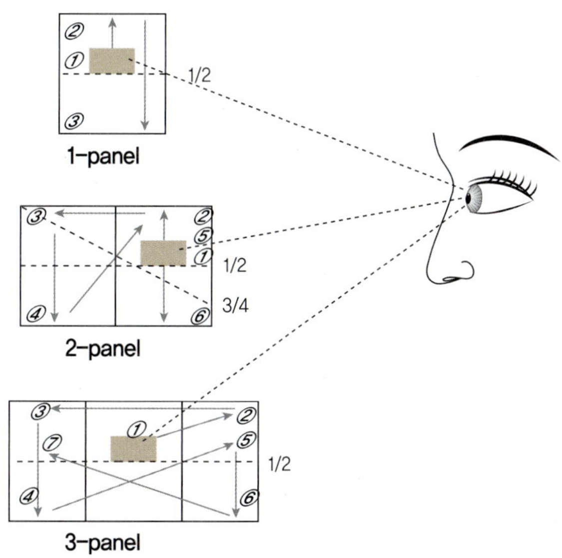

그림 8-4 | 시선중심점 이론과 시선의 이동방향

두 번째, 배열순서에 따른 선택빈도 차이 이론이란 메뉴아이템이 배열되는 순차에 따라 선택되는 빈도가 높아진다는 이론으로, 연구에 따르면 고객이 메뉴판에서 메뉴를 고를 때 대체적으로 첫 번째와 두 번째 또는 맨 마지막에 위치한 메뉴를 다른 아이템에 비해 많이 선택한다는 것이다. 따라서 이 이론을 적용하여 주 메뉴를 어떤 포맷의 메뉴판이든지 첫 번째나 두 번째 또는 마지막에 배치하면 공급자의 의도대로 주 메뉴, 즉 이윤이 많은 메뉴를 선택할 가능성이 커진다는 것이다. 첫 번째와 두 번째, 맨 마지막 외의 순서에 상대적으로 이윤이 적은 메뉴나 구색 메뉴를 배치한다면 전체적인 이윤이 극대화될 가능성이 크다.

세 번째, 가격표시 위치에 따른 이론으로 고객의 가격에 대한 민감도가 다른 요소에 비해 크다는 것을 인지하고 가격을 비교하기 쉽도록 순차적으로 배열하는 것보다 가격을 비교하기 쉽지 않도록 디자인하거나 섞어 배열하여 무조건 상대적으로 싼 가격에 의해 메뉴를 선택하지 않도록 유도하는 것이 전체적인 이윤 창출에 도움이 된다는 이론이다. 가격비교가 쉬운 배열은 본능적으로 다른 메뉴아이템에 매력을 느끼기도 전에 이미 가격이 싼 메뉴를 선택하게 될 확률이 높다. 가격표시 위치 이론은 이 같은 선택을 방지하는 방법이다.

(3) 표지

메뉴판의 표지cover는 메뉴판이 담아야 할 모든 내용이 결정된 후 메뉴판 제작과정의 맨 마지막 단계에 작업한다. 표지는 메뉴판의 얼굴이며 첫인상이다. 사람도 처음 만났을 때의 첫인상이 오랫동안 잔상으로 남아 상당 부분 관계에 영향을 끼친다고 한다. 메뉴판의 표지도 그런 존재이다. 따라서 고객에게 전달하고 싶은 이미지와 내용을 디자인으로 잘 전달하면서 고객의 호감을 높일 수 있는 요소가 필요하고, 오랫동안 매력적으로 기억될 수 있는 아이디어의 적용도 요구된다. 특히 표지는 메뉴판의 다른 부분보다도 사람의 손을 많이 타고, 오염에 노출되는 경우가 많다. 이에 위생적이면서도 실용적이며, 경제성과 심미적 특성을 모두 갖춘 개발이 이루어져야 한다.

표지의 크기나 형태를 다양하게 만드는 것은 고객에게 극적인 효과를 주어 매력을 높이려는 노력이다. 표지는 다른 곳보다도 더욱 색의 효과를 잘 이용하여 배색함으로써 효과를 높일 수 있다. 그러나 주의할 점은 색의 수가 많아질수록, 비용이 급상승하므로 비용대비 효과를 잘 따져 보아야 한다.

(4) 고려사항

메뉴판이 판매량과 수익을 증가시킬 수 있다면 매우 이상적이다. 이러한 메뉴판을 제작할 때에는 먼저 고려해야 할 사항이 있다. 이런 점들을 고려하여 제작하게 되면 더 효과적으로 고객에게 어필할 수 있고 고객의 마음을 훔칠 수도 있으며 공급자의 의도대로 고객을 유도할 수도 있을 것이다.

메뉴판을 만들기 전 고려해야 할 사항을 자세히 알아보도록 하자.

❶ **영업장의 콘셉트를 잊지 마라** | 메뉴판을 만들 때 쉽게 디자인에만 마음을 빼앗기기 쉽다. 따라서 늘 영업장의 영업목표와 콘셉트를 잊지 않도록 유의한다.

❷ **경제성을 생각하라** | 메뉴판도 결국은 기물이다. 따라서 경제적으로 오래 사용 가능하다면 비용절감에 도움이 된다. 비용절감은 결국 전체적인 이윤을 높여준다. 외적 디자인만을 고려하고 실용적인 면을 배제한다면 상당한 비용의 손실을 겪을 수 있다.

❸ **식공간을 고려하여 디자인하라** | 메뉴판만의 디자인이 아니라 식공간적 요소와 조화를 이루는 메뉴판을 제작하는 것이 중요하다. 제작된 메뉴판이 테이블에 비해 너무 크다거나, 타깃층이 다루기 힘들다거나 조명이 어두워 가독성이 떨어진다거나 하는 사례가 현장에서는 빈번히 발생한다. 따라서 메뉴판을 제작할 때에는 메뉴판의 디자인만을 생각할 것이 아니라 사용될 식공간 요소들과의 관계를 잘 이해하고 제작하는 것이 효과적이다.

❹ **포지셔닝에 특히 유의하라** | 영업장은 결국 이윤을 추구하는 것이 목적임을 잊지 말고, 가장 이윤을 낼 수 있는 상품을 올바른 위치에 포지셔닝하도록 한다.

❺ **유연성을 주자** | 추가 메뉴나 계절메뉴 혹은 신제품 출시 등 향후 일어날 가능성이 있는 모든 일에 대비하여 유연하게 변형이나 수정 가능한 메뉴판을 제작한다. 메뉴판의 메뉴가 유연성 있게 응용될 수 있도록 메뉴판을 제작하여야 한다.

❻ 충분한 정보를 주자 | 메뉴판에 영업장의 콘셉트, 역사, 위치, 세금, 영양적 정보 등 고객이 메뉴를 이해하고 영업장에 호감을 가질 수 있게 하는 충분한 정보를 준다. 그것을 디자인적으로 표현하든 그 외의 요소들로 표현하든 상관없다. 그러나 주의할 점은 너무 많은 메시지를 주는 것과 충분한 메시지를 주는 것은 다른 것임을 이해해야 한다. 너무 많은 메시지를 주는 것은 고객의 혼란을 초래하여 역효과를 낼 수 있다. 따라서 읽기 쉽고 이해가 빠르게 디자인되면서 충분한 정보를 주도록 아이디어를 짜도록 한다.

❼ 매력적이어야 한다 | 고객의 관심과 화제가 끊이지 않도록 테마를 주도록 하고, 끊임없이 연구하여야 한다. 너무 상세한 설명이나 명확한 사건은 고객의 상상력을 방해하고 상상하는 즐거움을 방해할 수 있기에 약간의 여운을 주는 것도 메뉴판의 매력을 유지하는 한 방법이다.

(5) 제작과정

메뉴가 확정되면 메뉴판을 제작한다. **그림 8-5** 에 제작 과정을 나타내었다. 먼저 메뉴판에 들어갈 내용과 아이템이 결정되면 메뉴판을 전문으로 디자인하는 여러 회사에 견적과 디자인 제안을 받는다. 이때 회사들에 영업장 콘셉트나 메뉴콘셉트, 그리고 정해졌다면 디자인 콘셉트를 통보해 주는 것이 좋다. 이에 따라 각 디자인 회사는 프레젠테이션Presentaion: PT을 실시하고 그 과정을 거쳐 업체는 디자인을 맡아줄 회사를 결정한다. 회사가 결정되면 그 회사와 함께 실무자들의 콘셉트 구체화 작업이 시작되고, 여러 차례의 제안과 수정을 거쳐 디자인이 확정되면 샘플을 미리 제작하여 문제가 없는지 테스트한다. 그리고 보완된 후, 실 제작에 들어가는 일련의 과정을 거쳐 메뉴판을 제작하게 된다.

메뉴판에 들어갈 내용이 확정되면 메뉴판을 디자인할 수 있는 회사들에 콘셉트를 알려주고 견적과 디자인 제안을 받아 프레젠테이션을 실시한다. 이때 콘셉트란 여러 가지 의미를 내포하는데 영업장의 콘셉트, 메뉴의 콘셉트, 인테리어의 콘셉트 등 유기적으로 연관된 전체적인 콘셉트를 의미한다. 프레젠테이션 후 마음에 드는 견적과 디자인을 제안한 회사를 결정했다면, 구체적으로 담당자와 함께 콘셉트를 구체화하는 작업을 하면서 몇 차례 시안을 받고 수정하고 토론과 대화를 통해 구체화해 나간다. 구체화를 확정짓기 전까지 시안과 대화 수정은 작게는 1~2차례, 많게는 10차례 정도의 많은 수정에도 구애받지 않는다. 이 과정은 원하는 구체화를 이룰 때까지 계속되는 것이다. 이렇게 구체화가 끝나면 샘플sample을 제작한다. 바로 제작하지 않는 이유는 제작 후 문제점이 발생한다면 다시 모두 제작해야 하는 상황이 오기 때문이다. 이는 많은 비용의 손실과 직결된다. 샘플이 제작되어 나오면, 가능한 한 예상되는 타깃 고객층의 의견을 듣고, 홀에서 주로 메뉴판을 다루게 되는 직원들이나 홀 매니저 등에게 사용 후 문제점을 지적받아, 그 지적내용 중 심각하다고 판단되는 점이 있다면 다시 수정을 거친다. 이렇게 모든 수정작업이 끝나면 비로소 제작에 들어간다.

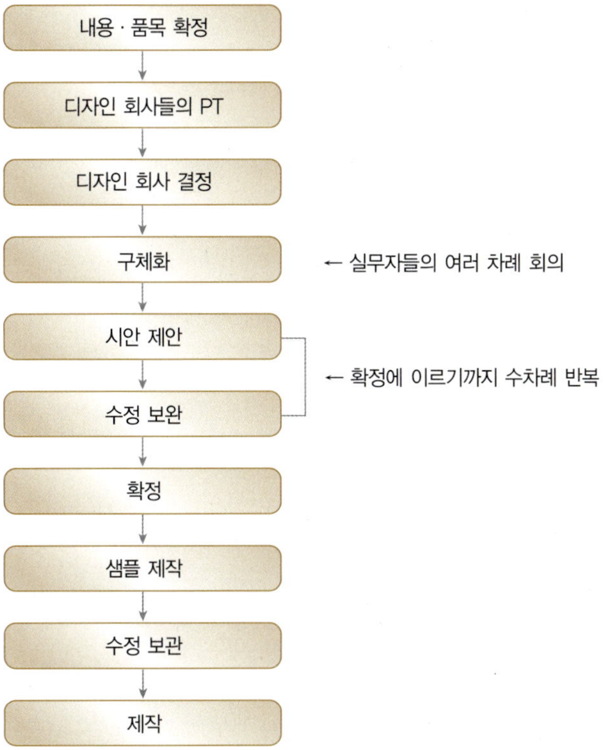

그림 8-5 | 메뉴판 제작과정

3. 메뉴판 외 메뉴 디자인의 이해

1) 식기

메뉴와 식기의 디자인적인 여러 요인은 상당히 직접적인 영향을 주고받는 것으로 알려져 있다. 식기의 재질, 여백, 색, 패턴, 형태 등은 그 위에 놓이는 메뉴와 조화를 이루어 고객의 만족감을 높이는 요소가 된다. 그중에서도 특히 식기의 색에 따라 같은 메뉴라도 고객이 느끼게 되는 만족감은 다른 것으로 나타났으며, 식기의 재질이나 식기의 여백도 상당히 영향을 미치는 것으로 보고되고 있다. 식기의 색의 경우 한색보다는 난색이 호감도가 높다고 한다. 재질은 나무나 도자기 같은 자연적인 소재가 금속이나 유리 같은 소재보다 더 긍정적인 디자인의 상승작용을 하는 것으로 알려져 있다. 물론 메뉴의 특성상 차가운 느낌이 강조되는 것이 더 좋은 효과를 내는 경우도 있으므로 메뉴에 따른 식기의 적절한 선택이 요구된다.

식기의 여백의 경우, 여백이 너무 넓거나 좁은 것은 긍정적이지 않고 30~40% 정도의 여백을 두는 것이 적절하다고 한다.

표 8-3 | 메뉴와 식기 디자인 요소의 관계

식기디자인요소	+	△	−
색	흰색, 빨간색, 주황색, 연두색	노란색, 녹색	파란색, 보라색
재질	나무, 도자기	유리	금속, 가죽
여백	30~40%	20~30%, 40~50%	20% 이하, 60% 이상
패턴	약간의 테두리 라인		
	문화별 취향별 변수가 크다		
모양	원형, 원응용형	타원형, 사각형, 사각응용형	타원응용형, 삼각형, 삼각응용형, 오각형

자료 Jung Gyung, The specific preference of distinguishing chinaware choice between Korean and Japan, Sung Shin Woman's University graduated school master's thesis, 2008

2) 장식

메뉴에 디자인적인 요소를 가미하여 메뉴의 매력을 높여 고객의 만족을 이끌어내기 위하여 일차적으로 접근하는 디자인 방법은 요리를 한 후 그 요리에 장식을 더하는 것이다. 보통 가니쉬garnish라고 불리기도 하는 메뉴의 장식은 지금까지는 푸른 채소를 이용하여 요리에 얹거나 옆에 두는 것이 거의 대부분이었다. 그러나 최근에는 이에 대한 깊은 연구가 이루어지고 있다. 요리의 디자인을 이해하기 위해서는 디자인의 요소인 점, 선, 곡선, 면 등의 성격과 좌우대칭, 대축대칭, 회전대칭, 비대칭 등 장식의 배치 방법을 이해하는 것이 중요하다. 그러나 가장 중요한 것은 디자인을 효과적으로 고객에게 어필하기 위하여 갖추어야 하는 사항에 대해 이해하는 것이다. 그 기본사항은 다음과 같다.

- 장식이 요리와 균형을 이뤄야 하고 질에 영향을 주지 않아야 한다.
- 요리의 시즐sizzle감을 최대한 살리도록 노력한다.
- 식기가 화려하면 요리는 단순화하고, 요리가 화려하면 식기를 단순화한다.
- 장식에 식용이 불가능한 재료는 되도록 사용하지 않는다.
- 장식이 요리를 가리지 않도록 한다.
- 여백을 준다.

3) 테이블웨어

보통 테이블웨어Table ware라 함은 차이나웨어china ware, 플랫웨어flat ware, 글라스웨어glass ware, 린넨류lines, 액세서리를 말한다. 그중에 메뉴 디자인과 가장 직접적인 관계를 형성하는 것은 차이나웨어이다. 중국에서부터 시작된 기술로 전 세계에 퍼져 지금은 식생활에 없어서는 안될 중요한 물건이 된 도자기를 지칭하는 용어로서, 대체로 식기들이 도자기로 이루어진 것이 많아 차이나웨어라고 지칭하게 되었다. 그 다음으로는 린넨류로 볼 수 있다. 린넨류는 언더클로스under cloth, 테이블클로스table cloth, 탑클로스top cloth, 러너runner, 플레이스매트place mat 등으로 나뉘는데, 그중 테이블클로스, 탑클로스, 러너, 플레이스매트는 요리의 배경과 같은 역할을 하므로 어떤 색을 가지고 있고 어떤 질감을 내느냐에 따라 식기와 더불어 메뉴 디자인에 상당히 큰 영향을 미칠 수 있는 요인이 된다. 테이블에 린넨류를 사용하지 않을 경우에는 메뉴를 놓게 되는 테이블의 디자인과 색상 그리고 질감이 메뉴 디자인을 구성하는 배경이 된다. 따라서 메뉴를 디자인할 때 앞에서 언급된 색의 이미지를 잘 이용해 요리를 더욱 돋보이게 하는 지혜가 필요하다. 그 외 커트러리cutlery와 같은 뜻으로 쓰이는 플랫웨어는 주로 손으로 잡는 부분인 핸들handle 부분에 디자인을 적용할 수 있으며 글라스웨어glassware는 유리의 색을 변화시키거나 유리의 표면에 문양을 새기거나 붙여 디자인적인 영향을 미칠 수 있다. 그리고 센터피스나 액세서리도 메뉴 디자인에 간접적인 영향을 미칠 수 있다. 그러나 플랫웨어는 상대적으로 정해진 이미지나 디자인을 가지고 있고, 색이나 질감을 나타내는 면적이 좁아, 차이나웨어나 린넨류에 비해 영향력이 적은 것이 사실이다.

4) 식공간

메뉴 디자인과 식공간은 직접적인 영향을 주고받는다기보다는 간접적으로 영향을 주고받는다고 볼 수 있다. 식공간의 여러 요소 중에서 이런 영향권 안에 있는 것은 대표적으로 벽과 조명이다. 특히 조명은 상당히 중요한 요소로서 영업장이 가지고 있는 메뉴 디자인에 전반적인 콘셉트와 특성이 있다면, 그에 맞는 조명은 필수적인 요소이다. 조명의 톤이나 밝기, 색 등은 메뉴에 지대한 영향을 미친다. 기름을 많이 사용하는 중국음식의 경우라면 조명은 온난한 빛을 내는 것이 음식의 식감을 살리는 데 도움이 된다. 회를 많이 취급하는 일본음식이라면 차가운 빛을 내는 백열등이 식감을 살려준다. 이처럼 식공간의 구성요소들이 메뉴에 영향을 주고 그로 인해 식감이 살거나 그 반대이거나, 상품성이 높아지거나 그 반대이거나, 공급자의 의도대로 수요가 이루어지거나 그 반대이거나 하는 결과를 초래할 가능성은 높다. 때문에, 전체적인 시너지효과를 위해서는 메뉴개발에 있어 식공간 디자인을 염두에 두어야 한다.

이러한 상관관계를 이해하기 위해서는 먼저 식공간의 범위를 알고 이해하는 것이 필요하다. 식공간이라 함은 식사를 하게 되는 공간을 의미하는 것이다. 즉 가정이나 외부, 모임 등 어떤 곳이든 식공간이 될 수 있다. 식공간은 크게 인테리어적 요소와 테이블적 요소로 나누어 볼 수 있다. 인테리어적 요소는 바닥, 벽, 천장, 창, 문, 패브릭, 조명 등 하드웨어적 성격이 강한 요소들이다. 테이블적 요소는 린넨, 차이나웨어, 글라스웨어, 커트러리, 액세서리 등 테이블 위에 서비스되는 요소들이다. 이러한 식공간을 이루는 요소들은 디자인의 영역과 오버랩되면서 사람의 감각 중 가장 민감한 시각에 영향을 주어 메뉴의 상품성이나 식감에 영향을 미치게 된다.

4. 디자인 표준화의 이해

조리의 레시피를 남기는 것처럼, 메뉴와 관련된 디자인 작업에도 레시피가 필요하다. 메뉴 디자인을 할 때 식기나 장식이 작업하는 사람마다 다를 경우, 고객에게 상품으로서의 신뢰도를 떨어뜨릴 가능성이 있다. 표준화란 결국 작업자가 바뀌어도 같은 상품이 제공될 수 있도록 하기 위한 작업이며, 새로운 작업자를 일일이 가르쳐야 하는 시간적 낭비와 교육의 비효율성, 그 외 불필요한 낭비의 방지를 위한 목적을 가지고 있다. 따라서 조리의 레시피처럼 메뉴 디자인의 표준화 또한 요구된다. 물론 조리에 의한 맛처럼 직접적인 영향이 아닐 수 있지만, 현장에서 그 필요성이 높이지고 있다.

1) 정의

고객의 만족도를 높이기 위하여 메뉴 디자인에 영향을 주는 요소들을 전체 콘셉트에 맞도록 잘 조화시켜 요리를 더욱 돋보이게 하기 위해 필요한 작업이다. 요리에 맞는 장식, 식기, 테이블웨어를 표준화하는 작업으로 여러 명의 다른 작업자가 같은 메뉴를 디자인하여도 같은 표준화된 디자인이 나오도록 레시피화하는 것을 의미한다.

2) 표준화 과정

메뉴 디자인의 표준화에는 요리의 장식, 메뉴에 적당한 식기 선정, 그에 따라 조화를 이루는 테이블웨어를 식공간 요소에 맞게 표준화한다.

메뉴의 특징을 파악하면, 식공간요소 중 메뉴의 디자인에 영향을 미칠 만한 요소의 특징을 이해한다. 그리고 식기, 요리장식, 테이블웨어들을 선정하거나 새롭게 디자인

그림 8-6 | 메뉴 디자인 표준화과정

한다. 이 모든 작업이 끝나면 비주얼 자료를 만들어 이해를 쉽도록 하고 레시피화한다. 혹시 있을지 모르는 어려운 용어들을 정리하고 다르게 표현되어 있는 기준들을 통일하여 표준화를 마무리한다. 이런 메뉴 디자인 표준화 과정 중 중점 고려사항은 표 8-4 와 같다.

이처럼 표준화를 통해 레시피를 만들어 놓으면, 어떤 작업자가 작업하여도 요리의 맛과 더불어 메뉴의 디자인도 항상 같은 품질을 고객에게 제공하게 되어 고객의 신뢰를 얻을 수 있다. 메뉴의 성공적인 디자인은 메뉴의 상품성을 높여 고객의 만족감을 높여준다.

표 8-4 | 단계별 중점고려사항

단계	고려사항
메뉴의 특징 파악	조리법, 주양념, 특이사항
식공간요소 파악	조명, 벽
식기선정	재질, 질감, 색, 모양
요리장식 선정	식용가능, 요리와의 조화
테이블웨어 선정	색, 질감
비주얼자료 만들기	선명함, 자세함
레시피 만들기	쉬운 단어, 간단한 표현, 짧은 문장
용어정리 & 기준통일	쉬운 용어, 알기 쉬운 기준으로 통일

3) 역할

메뉴 디자인의 표준화는 그 메뉴를 상품으로 만들어내는 사람에게 지침서가 되어 교육시간을 단축시키고 또한 항상 같은 상품을 만들어낼 수 있는 능력을 키워준다. 또한 조리에는 자신이 있으나 조리 후 디자인에 한계를 느끼는 많은 작업자에게 한층 높은 수준의 작업을 쉽게 마무리하도록 도와줄 수 있다. 따라서 조리의 표준화와 더불어 메뉴 디자인의 표준화도 나날이 고도의 산업이 되어 가는 식(食)비즈니스 분야에 매우 중요한 준비과정이다.

메뉴 디자인의 역할을 구체화하면 다음과 같다.

- 동질의 상품을 고객에게 제공한다.
- 새로운 작업자의 교육을 용이하게 한다.
- 메뉴의 상품화를 용이하게 한다.
- 메뉴 디자인의 능력을 배양시킨다.

5. 메뉴판의 예

- multi-panel folded menu
- symmetrical squire arrangement

outback

– multi-panel folded menu, – Symmetrical Squire Arrangement

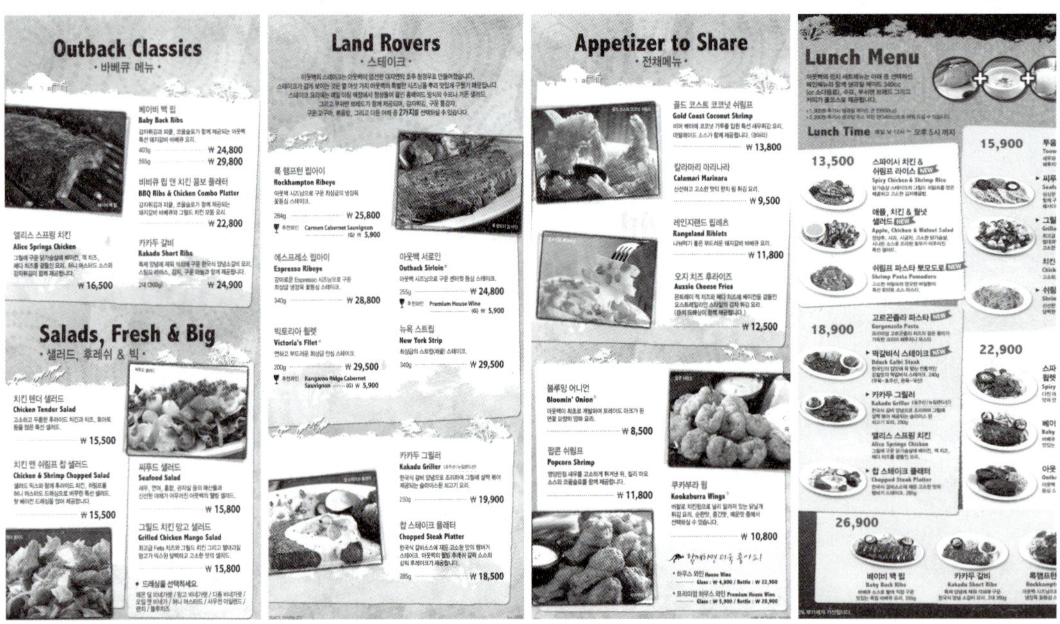

비주얼 요소
일러스트레이션

원산지를 확인하세요
쇠고기 : 호주산
김치, 쌀, 닭고기 : 국산
돼지갈비 (Pork Ribs) : 프랑스산

서술적 카피
descriptive copy

갈비소스로 요리한 고소한 맛의
스테이크. (호주산/뉴질랜드산)

서술적 카피
descriptive copy

Outback Kids
Desserts
Special Offers

헤딩
heading

10% 부가세가 가산됩니다.

서플리멘틀
머천다이징 카피
supplimental merchandising copy

비주얼 이미지
사진사용

Homemade Pasta
· 홈메이드 파스타 ·

Straight from the Sea
· 스트레이트 프롬 더 씨 ·

메뉴의 분류는 영업장마다 자유롭다.

• Separate Page
• 상황에 따라 넣고 뺄 수 있음.

moonyang

넣고 뺄 수 있는 메뉴판형태

고무줄을 이용하여 실용성과 디자인을 부여

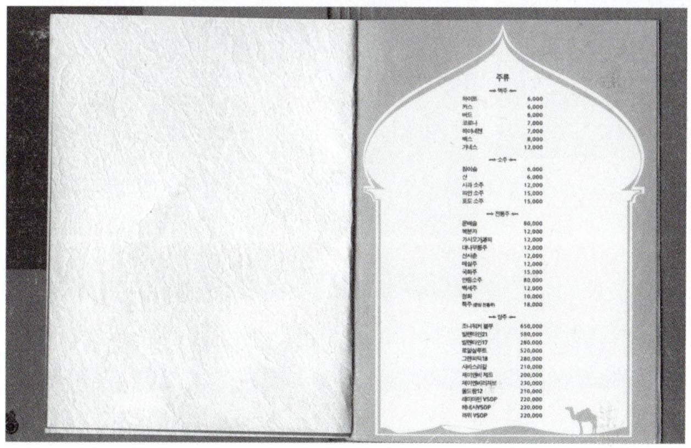

Two-panel multi-Paged munu
Symmetrical Squire Arrangement
재질감을 살려 에스닉한 분위기를 살림

MOONYANG 문양
rabat
WINE & RESTAURANT
비주얼 visual
Separate page
실용성을 위한 디자인
빼고 넣을 수
있는 형태
주류
맥주
소주
전통주
양주
분류를 위한
기준은 영업장마다
자유롭다.
비주얼 이미지
(일러스트레이션)

엔제리너스커피

나만의 커피를 만드세요~!!
엔제리너스커피
Angel in-us Coffee
THE WORLD BEST COFFEE
당신이 마시는 커피 한 잔, 그 속에 천사가 숨어있습니다.
"당신은, 천사와 커피를 마셔본 적이 있나요?"
'신의 선물' 이라는 말을 들어 보셨나요?

Espresso Drinks
Iced Espresso Drinks
Angel-in-snow
Beverages

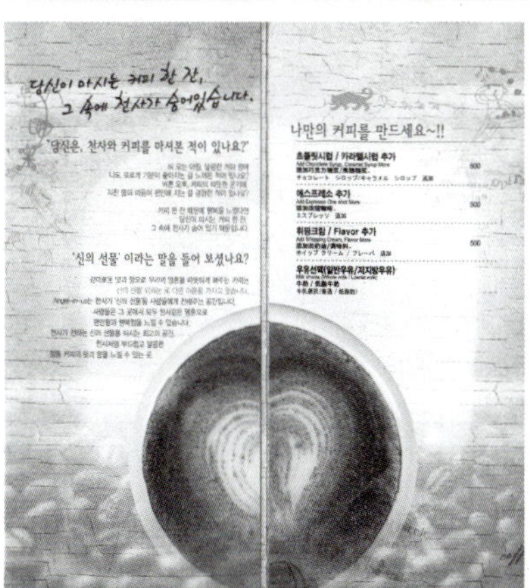
당신이 마시는 커피 한 잔, 그 속에 천사가 숨어있습니다.
"당신은, 천사와 커피를 마셔본 적이 있나요?"
'신의 선물' 이라는 말을 들어 보셨나요?
나만의 커피를 만드세요~!!

multi-panel folded menu

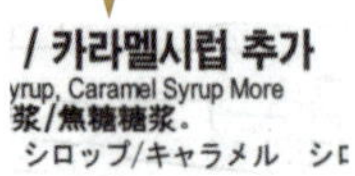

4개국어 사용

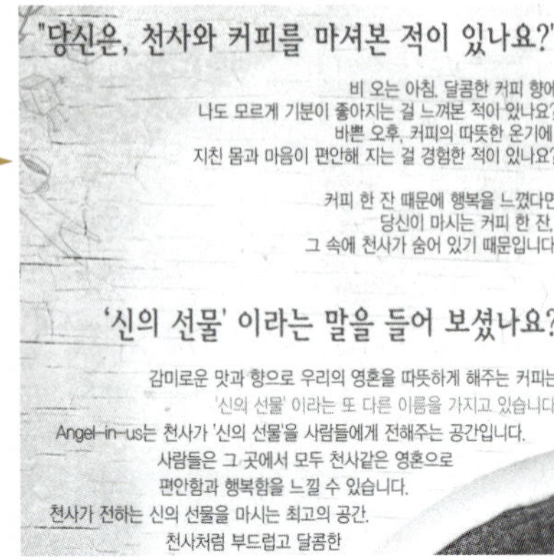
"당신은, 천사와 커피를 마셔본 적이 있나요?"

비 오는 아침, 달콤한 커피 향에
나도 모르게 기분이 좋아지는 걸 느껴본 적이 있나요?
바쁜 오후, 커피의 따뜻한 온기에
지친 몸과 마음이 편안해 지는 걸 경험한 적이 있나요?

커피 한 잔 때문에 행복을 느꼈다면
당신이 마시는 커피 한 잔,
그 속에 천사가 숨어 있기 때문입니다.

'신의 선물' 이라는 말을 들어 보셨나요?

감미로운 맛과 향으로 우리의 영혼을 따뜻하게 해주는 커피는
'신의 선물' 이라는 또 다른 이름을 가지고 있습니다.
Angel-in-us는 천사가 '신의 선물'을 사람들에게 전해주는 공간입니다.
사람들은 그 곳에서 모두 천사같은 영혼으로
편안함과 행복함을 느낄 수 있습니다.
천사가 전하는 신의 선물을 마시는 최고의 공간,
천사처럼 부드럽고 달콤한

인스티튜셔널카피
Institutional Copy

서울시 용산구 갈월동 98-6 롯데리아 엔제리너스커피 사업부
TEL : 02. 709. 1004 FAX : 02. 709. 1187 www.angelinus.co.kr

서플리멘틀 머천다이징카피
supplimental merchandising copy

multi-panel folded menu

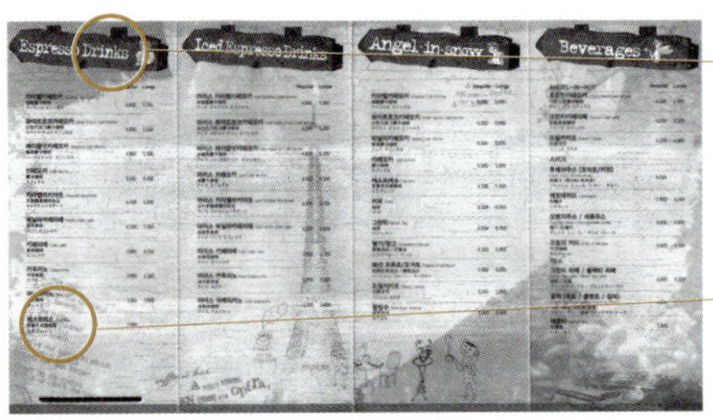

헤딩 heading

4개국어 사용

비주얼 요소
일러스트레이션 사용

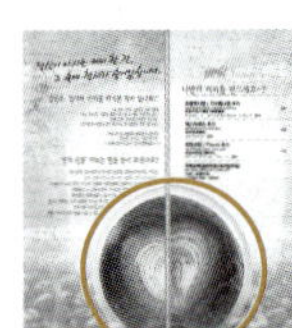

비주얼 요소
사진사용

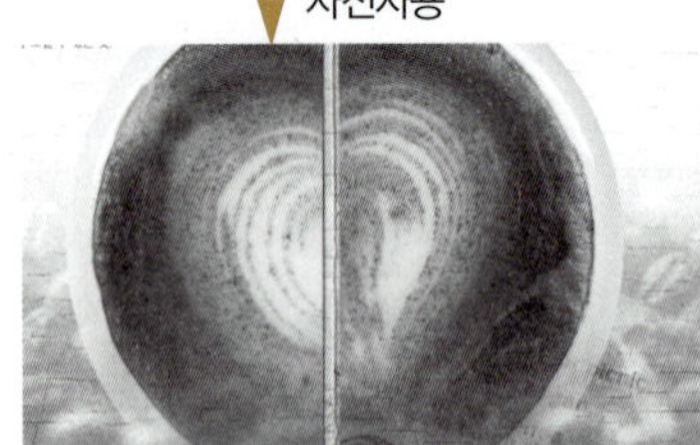

Business 기내식(Asiana)

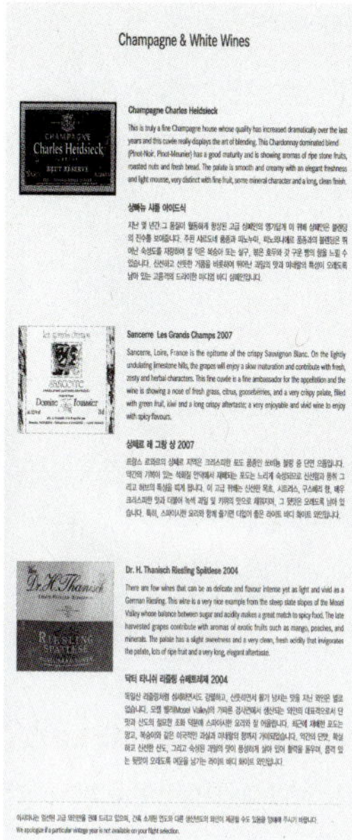

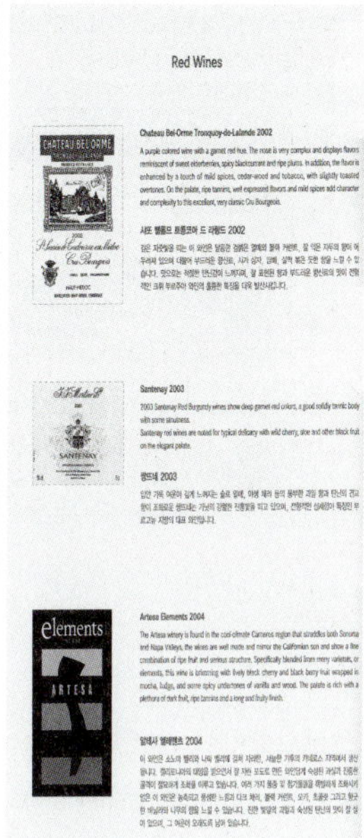

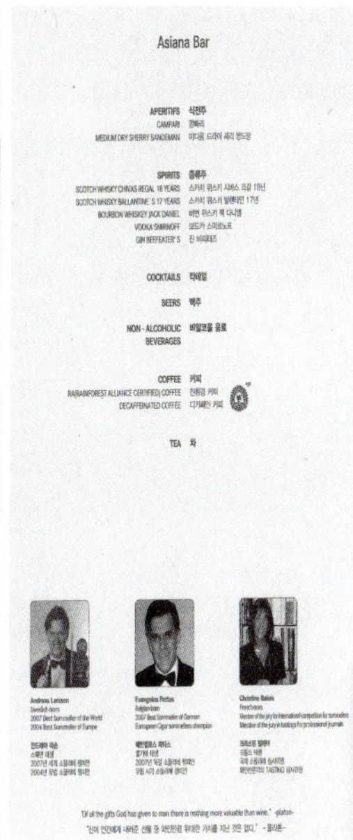

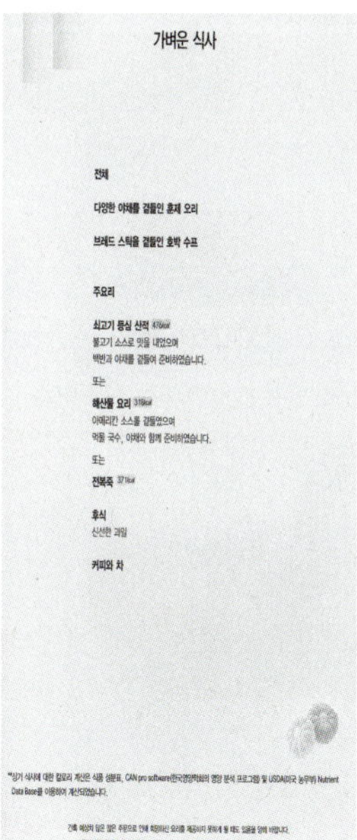

가벼운 식사

전채

다양한 야채를 곁들인 훈제 오리

브레드 스틱을 곁들인 호박 수프

주요리

쇠고기 등심 산적 476kcal
불고기 소스로 맛을 내었으며
백반과 야채를 곁들여 준비하였습니다.

또는

해산물 요리 318kcal
아메리칸 소스를 곁들였으며
먹물 국수, 야채와 함께 준비하였습니다.

또는

전복죽 371kcal

후식
신선한 과일

커피와 차

**상기 식사에 대한 칼로리 계산은 식품 성분표, CAN pro software(한국영양학회의 영양 분석 프로그램) 및 USDA(미국 농무부) Nutrient Data Base를 이용하여 계산되었습니다.

간혹 예상치 않은 많은 주문으로 인해 희망하신 요리를 제공하지 못하게 될 때도 있음을 양해 바랍니다.
특정 식품에 대한 알러지 증상이 있는 승객께서는 사전에 승무원에게 알려주시기 바랍니다.

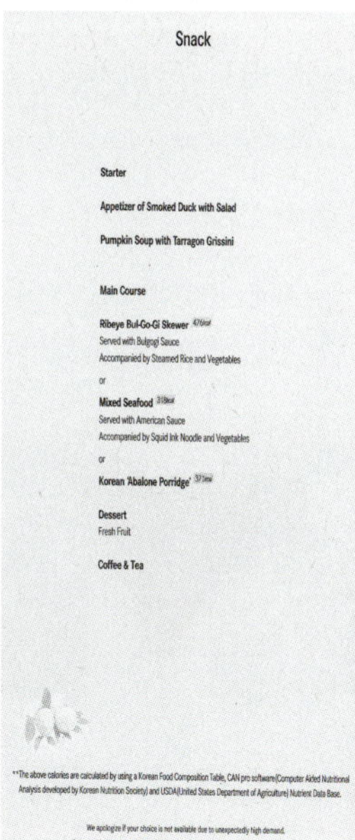

Snack

Starter

Appetizer of Smoked Duck with Salad

Pumpkin Soup with Tarragon Grissini

Main Course

Ribeye Bul-Go-Gi Skewer 476kcal
Served with Bulgogi Sauce
Accompanied by Steamed Rice and Vegetables

or

Mixed Seafood 318kcal
Served with American Sauce
Accompanied by Squid Ink Noodle and Vegetables

or

Korean 'Abalone Porridge' 371kcal

Dessert
Fresh Fruit

Coffee & Tea

**The above calories are calculated by using a Korean Food Composition Table, CAN pro software(Computer Aided Nutritional Analysis developed by Korean Nutrition Society) and USDA(United States Department of Agriculture) Nutrient Data Base.

We apologize if your choice is not available due to unexpectedly high demand.
If you are allergic to any types of food or beverages, please inform one of your cabin crew.

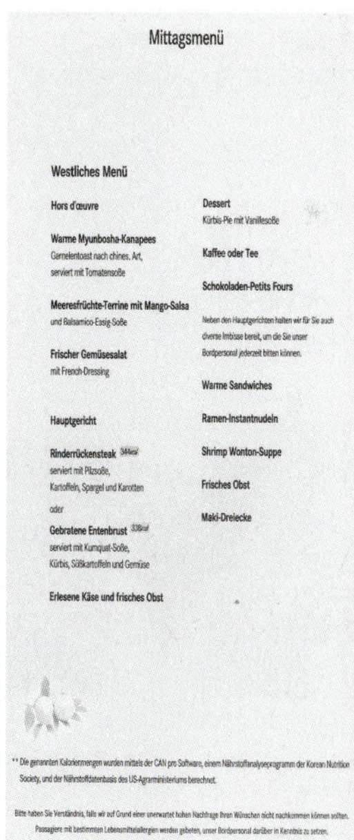

Mittagsmenü

Westliches Menü

Hors d'œuvre

Warme Myunbosha-Kanapees
Garnelentoast nach chines. Art,
serviert mit Tomatensoße

Meeresfrüchte-Terrine mit Mango-Salsa
und Balsamico-Essig-Soße

Frischer Gemüsesalat
mit French-Dressing

Hauptgericht

Rinderrückensteak 344kcal
serviert mit Pilzsoße,
Kartoffeln, Spargel und Karotten

oder

Gebratene Entenbrust 338kcal
serviert mit Kumquat-Soße,
Kürbis, Süßkartoffeln und Gemüse

Erlesene Käse und frisches Obst

Dessert
Kürbis-Pie mit Vanillesoße

Kaffee oder Tee

Schokoladen-Petits Fours

Neben den Hauptgerichten halten wir für Sie auch diverse Imbisse bereit, um die Sie unser Bordpersonal jederzeit bitten können.

Warme Sandwiches

Ramen-Instantnudeln

Shrimp Wonton-Suppe

Frisches Obst

Maki-Dreiecke

** Die genannten Kalorienmengen wurden mittels der CAN pro Software, einem Nährstoffanalyseprogramm der Korean Nutrition Society, und der Nährstoffdatenbasis des US-Agrarministeriums berechnet.

Bitte haben Sie Verständnis, falls wir auf Grund einer unerwartet hohen Nachfrage Ihren Wünschen nicht nachkommen können sollten.
Passagiere mit bestimmten Lebensmittelallergien werden gebeten, unser Bordpersonal darüber in Kenntnis zu setzen.

-Two-panel multi paged menu
-Symmetrical squire arrangement
일러스트레이션사용

비주얼 요소

서술적 카피 descriptive copy

Chateau Bel-Orme Tronquoy-de-Lalande 2002

A purple colored wine with a garnet red hue. The nose is very complex and displays flavors reminiscent of sweet elderberries, spicy blackcurrant and ripe plums. In addition, the flavor is enhanced by a touch of mild spices, cedar-wood and tobacco, with slightly toasted overtones. On the palate, ripe tannins, well expressed flavors and mild spices add character and complexity to this excellent, very classic Cru Bourgeois.

서술적 카피
descriptive copy

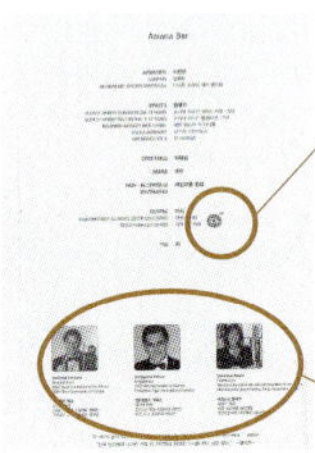

인스티튜셔널카피 institutional copy

Andreas Larsson
Swedish-born
2007 Best Sommelier of the World
2004 Best Sommelier of Europe

안드레아 라슨
스웨덴 태생
2007년 세계 소믈리에 챔피언
2004년 유럽 소믈리에 챔피언

Evangelos Pattas
Belgian-born
2007 Best Sommelier of German
Euroupean Cigar sommeliers champion

에반겔로스 파타스
벨기에 태생
2007년 독일 소믈리에 챔피언
유럽 시가 소믈리에 챔피언

Christine Balais
French-born
Member of the jury for international competition for sommeliers
Member of the jury in tastings for professional journals

크리스틴 발레이
프랑스 태생
국제 소믈리에 심사위원
와인전문지의 TASTING 심사위원

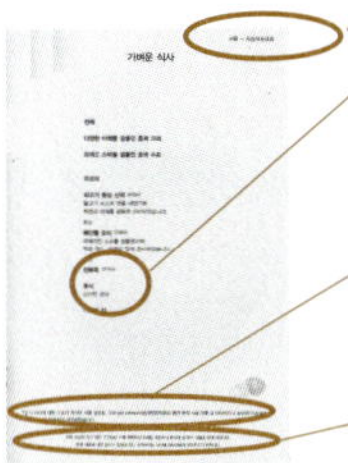

서울 – 프랑크푸르트

서플리멘틀 머천다이징카피 supplimental merchandising copy

또는

전복죽 371kcal

후식

서술적 카피 descriptive copy

**상기 식사에 대한 칼로리 계산은 식품 성분표, CAN pro software(한국영양학회의 영양 분석 프로그램) 및 USDA(미국 농무부) Nutrient Data Base를 이용하여 계산되었습니다.

간혹 예상치 않은 많은 주문으로 인해 희망하신 요리를 제공하지 못하게 될 때도 있음을 양해 바랍니다.
특정 식품에 대한 알러지 증상이 있는 승객께서는 사전에 승무원에게 알려주시기 바랍니다.

서플리멘틀 머천다이징카피 supplimental merchandising copy

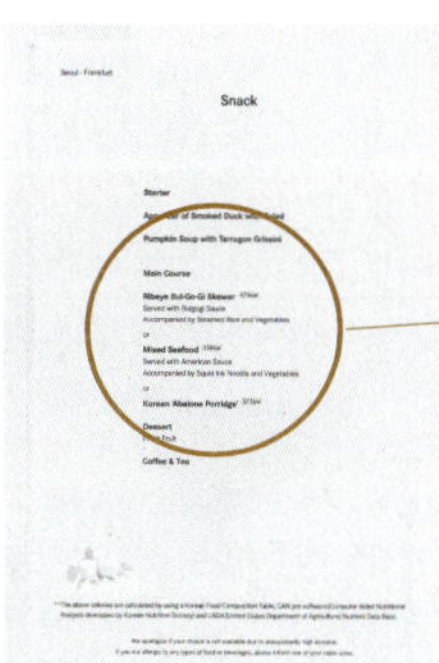

다양한 언어로 제공 – 영어

Main Course

Ribeye Bul-Go-Gi Skewer 476kcal
Served with Bulgogi Sauce
Accompanied by Steamed Rice and Vegetables

or

Mixed Seafood 318kcal
Served with American Sauce
Accompanied by Squid Ink Noodle and Vegetables

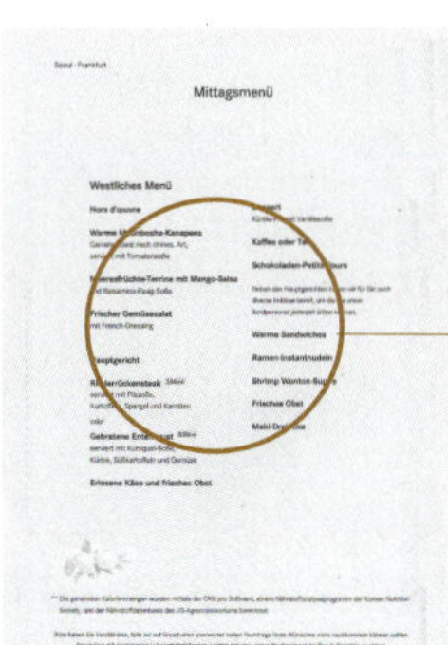

다양한 언어로 제공 – 독일어

Westliches Menü

Hors d'œuvre

Warme Myunbosha-Kanapees
Garnelentoast nach chines. Art,
serviert mit Tomatensoße

Meeresfrüchte-Terrine mit Mango-Salsa
und Balsamico-Essig-Soße

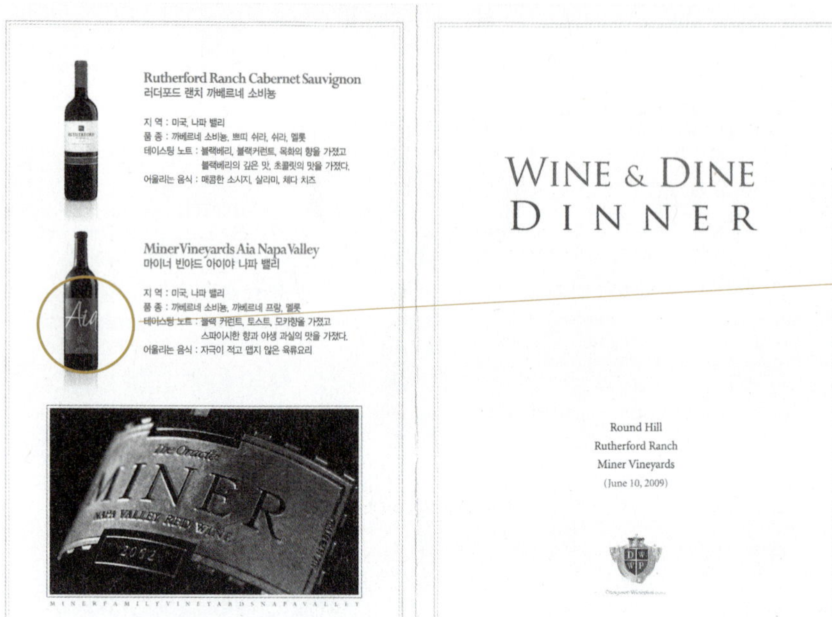

비주얼 요소 사진

겉면 Two-panel Folded menu

Rutherford Ranch(러더포드 랜치)는 1970년 후반 Marko(마르코)와 Theo Zaninovich(띠오 자니노비쉬)와 함께 시작하게 된 와이너리이다.
현재 나파를 포함한 캘리포니아 전 지역에서 와인을 생산하고 있으며 러더포드 와이너리는 나파의 심장부인 러더포드 지역에 위치하여 있으며 캘리포이나 지역에서는 Round Hill(라운드 힐)을 생산하고 있다.

인스티튜셔널카피 Institutional Copy

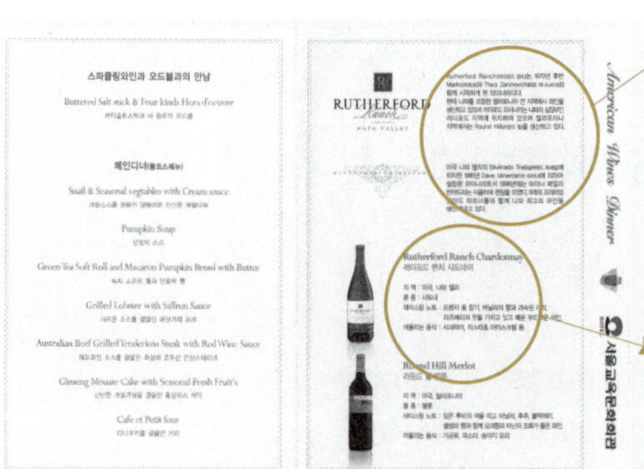

속면 two separate listings half-fold

Rutherford Ranch Chardonnay
러더포드 랜치 샤도네이

지 역 : 미국, 나파 밸리
품 종 : 샤도네
테이스팅 노트 : 오렌지 꽃 향기, 바닐라의 향과 과숙된 체리, 라즈베리의 맛을 가지고 있고 매운 부드러운 와인.
어울리는 음식 : 사과파이, 피스타쵸 아이스크림 등.

서술적 카피 descriptive copy

한 메뉴판인걸 어떻게 보여줄 수 있을까요?

걸면 Two-panel Folded menu

서플리멘틀 머천다이징카피
supplimental merchandising copy

비주얼 요소
일러스트레이션

*참고문헌

금강기획편집. 색채와 마케팅. 금강서원, 1995
금찬영. 편집레이아웃. 독자와 함께, 1994
김기영 外. 메뉴경영관리론. 현학사, 2006
김용훈 편저. 색채상품개발론. 도서출판청우, 1987
김학성. 디자인을 위한 색채. 조형사, 1998
김화중 역. 색채심리. 동국출판사, 1995
나정기. 메뉴계획과 디자인의 평가에 관한 연구. 경기대대학원 박사학위 논문, 1994
나정기. 메뉴관리의 이해. 백산출판사, 2004
박영원 역. 시각표현 visual representation. 도서출판 국제, 2002
안상수 外. 편집디자인. 잰화이트 안그라픽스, 1991
윤혜림. 색채심리 마케팅과 배색이론. 도서출판 KJ, 2007
이유주. 푸드컬러와 디자인. 경춘사, 2005
정경. 한국과 일본의 식기선택특이성. 성신여자대학교 일반대학원 석사학위 논문, 2008
조용범 外. 신 메뉴관리론. 대왕사, 2007
최영준 外. 메뉴관리론. 대왕사, 2006

Hannah Newton. Restaurant Decors. Atrium Group, 2001
Jack D. Ninemeier. Management of food and beverage operations. AH & MA, 1990
James R. Abbey. Hospitality sales and Advertising. AH & MA, 1998
Tricia Guild. Think Color. Chronicle Books, 2003
www. designdb.com

*찾아보기

ㅅ

ㅇ

ㅈ

[기타]

저자소개

• 정 경

경희대학교대학원 조리외식경영학과 박사 수료
JFCS(Japan Food Coordinator School) 졸업
현재 하우웰푸드(Howell FOOD) 대표
경희사이버대학교 외식농산업경영학과 겸임교수
장안대학교 호텔조리과 겸임교수
SPC, 풀무원, 한화 외래강사

• 김경임

고려대학교 대학원 식품생명공학 전공(이학박사)
현재) 혜전대학교 호텔조리외식계열 푸드스타일링전공 주임교수

실무 종사자를 위한
메뉴관리 & 기획

2010년 3월 10일 초판 발행
2014년 9월 5일 2쇄 발행

지은이 | 정 경 · 김경임
발행인 | 유제구
발행처 | 파워북
주 소 | 경기도 고양시 일산동구 호수로 358-25
동문굿모닝타워2차 529호
전 화 | (02) 730-1412
F A X | (031) 908-1410
등 록 | 1997. 1. 1 제 300-1997-13

정 가 19,000원
ISBN 978-89-8160-145-4

잘못된 책은 바꿔드립니다.